Der Kolkrabe

Haupt

Die Ästhetik des Kolkraben. Munt Baselgia, 6. Oktober 2020.

Heinrich Haller

Der Kolkrabe

Totenvogel
Götterbote
Tierisches Genie

2. Auflage

Haupt Verlag

Umschlag: Ein Kolkrabe im Anflug. Val dal Spöl, 6. Januar 2019.
Vorsatz: Geplänkel unter Nichtbrütern. Testa Grigia, 17. Februar 2022.
Nachsatz: Abgang nach einer akrobatischen Einlage. Testa Grigia, 18. Februar 2022.

Zu den Ortsangaben bei den Bildern: Die Namen Val dal Spöl, Munt Baselgia, Piz Sursassa und Crastatscha beziehen sich auf die Umgebung von Zernez; Jufplaun, Munt/Alp Buffalora, Munt Chavagl und Il Fuorn sind Örtlichkeiten im Ofenpassgebiet. Die beiden Räume sind benachbart und liegen im Engadin, im Zentrum der Alpen. Das oft genannte Spissertal befindet sich in Österreich unmittelbar an der Schweizer Landesgrenze; Testa Grigia ist ein touristisch erschlossener Felskopf südöstlich des Matterhorns auf dem Grenzkamm zu Italien.

Autor (Bilder und Text): Heinrich Haller
Redaktion: Christian Marti
Gestaltung, Satz: Katarina Lang Book Design
Lithografie: Fred Braune, FdB
Lektorat: Simone Louis
Finanzielle Unterstützung: Zigerli-Hegi-Stiftung
Patronat: Schweizerischer Nationalpark und Schweizerische Vogelwarte

Schriften: Gamut Slab (Hannes Famira), Theinhardt (François Rappo)
Papier: Munken Polar Rough 150 gm^2, Peydur Lissé 135 gm^2

Zitiervorschlag:
Haller, H. (2023): Der Kolkrabe: Totenvogel, Götterbote, tierisches Genie. 2. Aufl. Haupt, Bern.

Bibliografische Information der Deutschen Nationalbibliothek
Die Deutsche Nationalbibliothek verzeichnet diese Publikation in der Deutschen Nationalbibliografie; detaillierte bibliografische Daten sind im Internet über http://dnb.dnb.de abrufbar.

ISBN 978-3-258-08360-5

2. Auflage 2023
1. Auflage 2022

Der Haupt Verlag wird vom Bundesamt für Kultur für die Jahre 2021–2024 unterstützt.

Gedruckt in Deutschland
www.haupt.ch

FSC
www.fsc.org
MIX
Papier aus verantwortungsvollen Quellen
FSC® C022274

Inhalt

Kolkraben beobachten, schätzen lernen und fotografieren 7
Im Nationalpark und am Bundeshaus
Ein Plädoyer für die schwarzen Vögel
Zu den Fotos – ein Bild sagt mehr als tausend Worte

Zu Rabenvögeln und ihrer Stammesgeschichte 21
Die systematische Ordnung und ihre Unschärfen
Ein erster Blick auf die Evolution

Eigenschaften des Kolkraben 37
Merkmale
Lebensweise

Die Kolkrabenpopulation 69
Brutvögel als Teil des Ganzen
Reviere im Engadin
Nichtbrüter: Jugendbanden mit älteren Unterprivilegierten

Vorkommen in Raum und Zeit 107
Verbreitung
Bestandsentwicklung
Aktueller Status

Zwischenartliche Beziehungen 131
Kolkraben und Menschen
Zur Kulturgeschichte
Interaktionen mit anderen Tierarten

Kognitive Leistungen und evolutionärer Hintergrund 165
Kluge Vögel
Beziehungen untereinander
Intelligenz als verbreitetes, aber doch seltenes Lebensprinzip

Fazit für uns Menschen 187

Dank 208

Steckbrief Kolkrabe 209

Literatur: Quellen und vertiefende Beiträge 211

Kolkraben beobachten, schätzen lernen und fotografieren

Im Nationalpark und am Bundeshaus

Frühjahr 2020 im Schweizerischen Nationalpark: Eine hohe, zerklüftete Felswand der Engadiner Dolomiten beherbergt einen stattlichen Horst aus Knüppeln und Ästen, der ursprünglich von Steinadlern errichtet wurde, jetzt aber einem Bartgeierpaar als Brutplatz dient. Wenige Dutzend Meter daneben findet sich in einer Nische ein Kolkrabenhorst. Seine Bewohner reagieren aggressiv auf heranfliegende Bartgeier, indem sie die viel größeren, jedoch weit weniger wendigen Geier attackieren, sie bei jeder Gelegenheit geradezu piesacken.

Szenenwechsel ins Stadtzentrum von Bern: Am Bundeshaus hat sich 2020 ein Kolkrabenpaar eingefunden und im überdachten Giebelfeld auf der Westfront – ausgerechnet auf den Schultern der beiden dort nebeneinander thronenden Adlerstatuen – mit Ästen und Reisern seinen Horst errichtet. Über dem Sitz des Schweizer Parlaments und der Regierung kommt es täglich zu Luftkämpfen mit Turmfalken, die ebenso wie die Kolkraben die hohen und gut strukturierten Fassaden des Gebäudekomplexes als Felsen und entsprechend als möglichen Brutstandort wahrnehmen.

Die beiden geschilderten Situationen stehen für die Fähigkeit des Kolkraben, verschiedene Lebensräume zwischen Berg und Tal, zwischen Wildnis und Stadt und somit fern von und nahe bei den Menschen zu besiedeln. Da die Kolkraben im Nationalpark vom Futter für den jungen Bartgeier mitprofitieren und in Bern urbane Nahrungsquellen nutzen, ergeben sich vielfältige und spannende zwischenartliche Verbindungen.

Kolkraben bedeuten mir persönlich viel, waren sie doch für mich bei diversen wildbiologischen Projekten sozusagen Wegbegleiter. Die bis dahin engste Verbindung zu ihnen entstand während meiner Recherchen zum Thema Wilderei: Das Paar Buffalora sowie weitere Kolkraben in anderen Gebieten machten mich auf Überreste von Wildererbeuten aufmerksam. Es hat mich stets fasziniert, ausgewählte Tierarten näher kennenzulernen, ihr Verhalten einzuschätzen und sie so verstehen zu können. Bei den klugen Kolkraben ist dies besonders anregend. Das vorliegende Buch nimmt alle meine Erfahrungen auf und verdichtet sie zu einem persönlichen Kolkrabenporträt.

Am 7. August 2019 hielt ich meinen Abschiedsvortrag als Direktor des Schweizerischen Nationalparks. Im Referat spannte ich den inhaltlichen Bogen von den Rabenvögeln bis zur Evolution von Intelligenz. Das vorliegende Buch baut darauf auf und dehnt den Horizont weiter aus. Es ist weder ein wissenschaftliches Werk noch eine herkömmliche Monografie über den Kolkraben. Allerdings kommt es aus der Hand eines Wissenschaftlers, der sich gegen Ende seiner beruflichen Karriere diesen Vögeln subjektiv, dafür mit weitem Blickwinkel angenähert hat – beobachtend, dokumentierend, kombinierend. Dies schließt komplexere Sachverhalte ein, speziell evolutionäre und kognitive Aspekte, die aber so einfach und knapp wie möglich behandelt werden. Dafür wird ästhetischen Aspekten sowie persönlichen Erfahrungen Raum geboten, ebenso wie weltanschaulichen Gesichtspunkten, denn beim «Totenvogel und Götterboten» drängen sich solche Gedanken geradezu auf.

Ein Plädoyer für die schwarzen Vögel

Namhafte Wissenschaftler wie Konrad Lorenz, Eberhard Gwinner, Derek Ratcliffe oder Bernd Heinrich haben sich mit Kolkraben beschäftigt und sich von ihnen inspirieren lassen. Letztere sind nicht nur wissenschaftlich attraktiv, sondern sie faszinieren auch in ästhetischer Hinsicht und regen dazu an, sich grundsätzliche Überlegungen zu machen. Die tiefgründige Perspektive beruht darauf, dass Kolkraben und andere Rabenvögel – ebenso wie Menschen – ein komplexes Sozialverhalten zeigen und über besondere kognitive, also geistige Fähigkeiten verfügen. Diese Parallelität lässt uns Menschen nicht unberührt, sie verunsichert, und es erstaunt nicht, dass unsere Haltung zum Kolkraben zwischen Ablehnung und Bewunderung schwankt. Dasselbe zeigt sich beim Wolf, der manche vergleichbare Eigenschaften aufweist und unter den Menschen erst recht polarisiert. Über Wölfe existiert eine kaum mehr zu überblickende Zahl von Publikationen, auch mit dem Ziel, die Ästhetik des Tieres darzustellen, um so die Akzeptanz in der menschlichen Gesellschaft zu fördern. Ein solches Buch fehlt bisher zu Kolkraben.

Das schillernde Gefieder des Kolkraben mutet edel an, sein gravitätisches Einherschreiten erscheint würdevoll und die virtuosen Flugspiele wirken elegant. Diese Attribute gründen zwar auf menschlicher Interpretation – wie alle unsere Wertungen. Die herbe Schönheit der Kolkraben kann freilich dazu beitragen, das Image dieser großen schwarzen Vögel zu verbessern. Schaut man genauer hin, entpuppen sie sich als äußerst vielseitige Zeitgenossen mit erstaunlichen Fähigkeiten. Das vorliegende Buch baut auf die Kraft der Bilder und vermittelt in zusammenfassender Form einen Einblick in das Wesen des Kolkraben mitsamt seinen mannigfaltigen Beziehungen zu anderen Arten einschließlich des Menschen. Hier soll veranschaulicht werden, dass der Kolkrabe und andere Rabenvögel zu Unrecht mit manchen negativen Vorurteilen belastet sind und deswegen von vielen Leuten geringgeschätzt werden. Diese Tiere verdienen vielmehr – ebenso wie alle anderen Lebewesen – Anerkennung und Respekt. Mehr noch, die Beschäftigung mit ihnen fordert uns Menschen zu Gedanken über das Leben heraus. Mir geht es jedenfalls so, gerade angesichts der Betrachtungen zur Verwandtschaft der Kolkraben, zu ihren kognitiven Leistungen und damit zu den Ähnlichkeiten zu uns selbst.

Der deutsch-amerikanische Biologe Bernd Heinrich hat wie kaum ein anderer die geistige Regsamkeit des Kolkraben erkannt und darüber berichtet. Wissenschaftliche Arbeiten der letzten Jahre haben seine Befunde vertieft und verfeinert. Nach der Jahrtausendwende bürgerte sich die Vorstellung ein, dass diese Vögel gewissermaßen «gefiederte Menschenaffen» sind. Seither haben zum Beispiel Thomas Bugnyar und Mitarbeitende seiner Arbeitsgruppe im Department für Verhaltens- und Kognitionsbiologie der Universität Wien, Mathias Osvath von der Cognitive Zoology Group der Universität Lund in Schweden sowie Simone Pika am Max-Planck-Institut für Ornithologie in Seewiesen bei München und am Institut für Kognitionswissenschaft der Universität Osnabrück dazu beigetragen, Kolkraben und andere intelligente Tierarten in ein neues Licht zu rücken. Entgegen der früheren Ansicht ist der Mensch nicht das einzige Wesen mit hohen kognitiven Fähigkeiten.

Zu den Fotos – ein Bild sagt mehr als tausend Worte

Bilder prägen das vorliegende Buch. Die Aufnahmen illustrieren typische Situationen im Kolkrabenleben, ohne aber den Vögeln bei der Fortpflanzung zu nahezutreten. Ich habe die Fotos in freier Natur im Alpenraum gemacht, in erster Linie im Engadin und in benachbarten Tälern sowie ergänzend dazu entlang der Achse Bern–Matterhorn. Dazu kommen einige ebenfalls ausschließlich in freier Wildbahn entstandene Fotos aus anderen Teilen des riesigen Verbreitungsgebietes des Kolkraben. So ließen mich Reisen nach Kalifornien und in den Himalaja die enorme Plastizität der Art spüren, die von Meeresküsten bis zum Dach der Welt und von urbanem Gelände bis zur abgelegenen Wildnis vorkommt. Besuche auf den Kanarischen Inseln und in Finnland zeigten die bemerkenswerte Vielfalt der besiedelten Lebensräume auch entlang der Breitengrade.

Kolkraben zu fotografieren ist in Europa eine Herausforderung. Sie sind in der Regel scheu und flüchten auf Distanzen von meist weit über 100 m, insbesondere, wenn sie sich auf Warten, am Nahrungsplatz oder im Horstbereich aufhalten. Bei überfliegenden Vögeln ergeben sich manchmal nähere Begegnungen, aber nur solange sie die spezielle Aufmerksamkeit ihnen gegenüber nicht wahrgenommen haben. Und dies kann rasch geschehen: Bereits das einmalige Nachführen der Kamera mit dem langen Teleobjektiv kann Kolkraben gegen diese Person für Wochen misstrauisch werden lassen. Der Doyen der Bündner Ornithologie, Thomas Conrad von Baldenstein, vermerkte im Jahr 1818 zum «Alpenraben» bzw. Kolkraben: «Er ist sehr vorsichtig und lässt nicht an sich kommen.» Und Bernd Heinrich schrieb, bezogen auf sein Untersuchungsgebiet im Nordosten der USA: «Raben sind scheuer und wachsamer und haben bessere Augen als irgendein anderes wild lebendes Tier, das ich kenne.» Diese Furcht erklärt sich durch die jahrhundertelange menschliche Verfolgung, der die Raben und andere Wildtiere ausgesetzt gewesen sind und die vielerorts noch anhält. Ängstliche Kolkraben hatten und haben bessere Überlebenschancen und wurden deshalb im Verlauf der Evolution begünstigt.

In anderen Teilen des Verbreitungsgebietes, beispielsweise auf den Kanarischen Inseln, in Kalifornien oder manchenorts auf der Hochebene von Tibet, sind Kolkraben von den Menschen zumindest geduldet worden und mehr oder minder vertraut geblieben. Diese Voraussetzung garantiert aber noch keine guten Bilder, denn die Schwarzfärbung der Vögel und die trotz ihrer Leistungsfähigkeit eher unscheinbaren Augen lassen die Raben oft einheitlich dunkel erscheinen. Damit die Konturen des Gefieders sichtbar werden und sich insbesondere dessen Metallschimmer zeigt, braucht es spezielle, nicht in jedem Fall vorhersagbare Lichtverhältnisse. Und bei Kolkraben im Flug – sie gehören gemäß Urs Glutz von Blotzheim und Kurt Bauer «zu den gewandtesten und vielseitigsten Fliegern unter den Vögeln» – ist es trotz der heute verfügbaren blitzschnellen automatischen Fokussiertechnik oft erst nach vielen erfolglosen Versuchen möglich, das gewünschte Sujet scharf zu kriegen.
Alle nötigen Vorgaben bei den Aufnahmen zu erfüllen, ist somit nicht ganz

einfach. Aber in der Herausforderung liegt ja bekanntlich der Reiz eines Vorhabens.

Meine Absicht, wilde Kolkraben fotografisch zu dokumentieren, wurde dadurch erleichtert, dass es mir ab 2015 durch jahrelange Anwesenheit, Beobachtung und Begleitung gelang, das Vertrauen eines Kolkrabenpaares im Engadin zu gewinnen, konkret jenes von Paar Pignai, dessen Bezeichnung von einem Flurnamen im Zentrum seines Aufenthaltsgebietes abgeleitet ist. Manchmal nannte ich das Männchen Pignai wegen seiner imponierenden Statur Corvun, eine Vergrößerungsform zu corv, das rätoromanische Wort für den Raben und die Krähe; das elegantere Weibchen Pignai hieß für mich Rabea. Die beiden Vögel hatten ihre Scheu abgelegt, aber ihre Zutraulichkeit beschränkte sich auf ihnen bekannte Situationen und speziell auf mich. Sobald ich in ungewohnter Manier auftrat, beispielsweise mit einer Begleitperson, wurde die Gewöhnung durch die sonst übliche Vorsicht überlagert. Anders war dies beim um die letzte Jahrhundertwende im Gebiet des Ofenpasses beobachteten Kolkrabenpaar Buffalora: Hier trat insbesondere das Männchen, Serraglio genannt, gegenüber Skitourengehern und Bergwanderern sehr vertraut auf. Dies galt damals für einen wilden Kolkraben im Alpenraum als seltene Ausnahme. Entsprechend hat mir Serraglio einen ersten nahen Einblick in das Leben von Kolkraben gewährt. Heute besteht das Paar Buffalora aus zwei anderen Individuen.

Die Fotos, die ich seinerzeit von Serraglio und seiner Partnerin gemacht habe, sind fast ausschließlich Diapositive. Sie genügen dem heutigen fotografischen Standard nicht mehr. Das vertraute Paar Pignai konnte ich hingegen mit Digitalkameras und Teleobjektiven eingehend porträtieren. Manche der hier gezeigten Aufnahmen betreffen denn auch diese beiden Vögel. Im Jahr 2020 – nach erfolgloser Brut – wurde Rabea durch Weibchen Pignai II ersetzt, das jedoch stets reserviert blieb. Nahaufnahmen beider Partner zusammen waren fortan nicht mehr möglich. Automatische Auslösungen oder solche mit Fernsteuerung kamen für mich nicht infrage, da mir beim Fotografieren das persönliche Erlebnis mit dem Blick durch den Sucher wichtig ist.

Links Männchen Pignai, oft auch Corvun genannt. Val dal Spöl, 15. November 2019.

Rechts Weibchen Pignai alias Rabea. Val dal Spöl, 2. Januar 2019.

Links Kolkrabenmännchen Corvun im Anflug. Val dal Spöl, 10. Februar 2020.

Rechts Rabea (links) und Corvun auf gemeinsamer Warte. Val dal Spöl, 2. Oktober 2019.

Ein Kolkrabe bei Il Fuorn im Schweizerischen Nationalpark, im Hintergrund auf dem Grat eine Gämse. 17. März 2018.

Links Ein Kolkrabe vor dem Brutfels im Nationalpark; der Horst befindet sich in der Höhle rechts vom Eiszapfen. Val dal Spöl, 12. April 2021.

Rechts Die Kolkrabenbrut am Bundeshaus mitten in Bern. 20. April 2020.

Die Beschäftigung mit dem Kolkraben, sein evolutionärer Weg und die Beziehungen zu Menschen, regt zu Gedanken über unsere Existenz an. Kapelle St. Anton bei Schleis (Mals), 19. März 2022.

Zu Rabenvögeln und ihrer Stammesgeschichte

Die systematische Ordnung und ihre Unschärfen

Rabenvögel sind allgemein bekannt, aber selten ist man sich ihrer Vielfalt bewusst. Die Corviden (wissenschaftlich Corvidae, eben die Rabenvögel) sind gemäß zoologischer Systematik eine Vogelfamilie aus der Ordnung der Sperlingsvögel (Passeriformes). Sie umfassen rund 120 lebende Arten (Spezies im biologischen Sinn) in 25 Gattungen und kommen mit Ausnahme der Antarktis auf allen Kontinenten der Erde vor. Die Gattung *Corvus,* zu der auch der Kolkrabe *Corvus corax* gehört, ist die artenreichste und zählt um die 40 Arten.

Bei den Rabenvögeln in Europa werden 11 Arten in 7 Gattungen unterschieden, darunter die Elster *Pica pica,* der Tannenhäher *Nucifraga caryocatactes,* die Alpenkrähe *Pyrrhocorax pyrrhocorax* und der Kolkrabe. Die Gattung *Corvus* ist auf unserem Kontinent mit 4 Arten vertreten, wobei einige Ornithologen der Rabenkrähe *Corvus corone corone* und der Nebelkrähe *Corvus corone cornix* – zwei Unterarten, die in der Regel übergeordnet als Aaskrähe *Corvus corone* bezeichnet werden – separaten Artstatus verleihen. Wo beide Formen aufeinandertreffen, entstehen auch Mischlinge. Dies weist darauf hin, dass die Abgrenzung von Arten (und erst recht jene von Unterarten) schwierig ist und deshalb umstritten sein kann: Es gibt in der Natur immer wieder Übergänge und Mischformen, die nicht zu den Klassifizierungen passen, die Menschen so gerne vollziehen. «Die Lebewesen sind nicht angeschrieben», pflegte Professor Rudolf Hauser, einer meiner ersten Lehrer an der Universität Bern, zu sagen, und brachte damit treffend zum Ausdruck, dass in der Natur alles fließt.

Die deutsche Nomenklatur verstärkt die Unklarheiten zusätzlich: So gehören die Aaskrähe und die Alpenkrähe nicht zur selben Gattung, ebenso wenig wie die Dohle *Corvus monedula* und die Alpendohle *Pyrrhocorax graculus*. Andererseits sind Alpenkrähe und Alpendohle nahe miteinander verwandt, selbst Mischlinge sind nachgewiesen. Für beide Arten stellen die Alpen nur kleine Teile des Verbreitungsgebietes dar, für die Alpenkrähe ist das wichtigste europäische Hochgebirge nicht einmal das bedeutendste Areal (Verbreitungsgebiet) auf unserem Kontinent. Schließlich sollte man den Tannenhäher wegen seiner Vorliebe für Samen der Arve oder Zirbelkiefer eher «Arven-» oder «Zirbenhäher» nennen. Der Grund für solche Unstimmigkeiten liegt darin, dass die Namensgebung von Tierarten in der Regel vor der genaueren Kenntnis ihrer Lebensweise und der Verwandtschaftsverhältnisse erfolgt ist.

Die Klassifikation gemäß biologischer Systematik und die Benennung des Kolkraben erscheinen zunächst klar. Der Kolkrabe ist eine Art und als solche Teil einer Gruppe nahe verwandter Rabenarten, die aus einer gemeinsamen Urform hervorgegangen ist. Dazu gehören sechs afrikanische, teilweise bis nach Vorderasien vorkommende Rabenarten sowie der im Südwesten Nordamerikas von Colorado bis Mexiko verbreitete Weißhalsrabe *Corvus cryptoleucus*. Die einheimische Aaskrähe, in der Form der ebenfalls vollständig schwarzen Rabenkrähe nicht selten mit dem Kolkraben verwechselt, wird einer anderen Abstammungsgruppe innerhalb der Gattung *Corvus* zugeordnet.

Der Kolkrabe ist der größte Vertreter der Rabenvögel und gleichzeitig der kräftigste Singvogel überhaupt. Innerhalb seines riesigen Areals, das sich über einen Großteil der Nordhalbkugel erstreckt, werden bis zu 11 Unterarten abgegrenzt. Ebenso wie bei anderen weit verbreiteten Lebewesen variieren auch beim Kolkraben Merkmale – vorab die Körpergröße, der Glanz und die Tiefe der Schwarzfärbung des Gefieders sowie die Ausprägung der auffälligen Kehlfedern – entlang eines Ökogradienten kontinuierlich. Diese Variation lässt sich manchmal als Anpassung an die standörtlichen Verhältnisse deuten: Die Flügellänge als Maß für die Körpergröße nimmt von Norden nach Süden ab; die größten Kolkraben sind indes jene aus dem Bereich des Hochlandes von Tibet, wo es im Winter und bei Schlechtwetter ebenfalls sehr kalt ist. Die Flügellänge der Kolkraben vom Dach der Welt übertrifft jene der Artgenossen von den Kanarischen Inseln um rund ein Viertel. Die Größenvariation des Kolkraben folgt der Bergmann'schen Regel, wonach warmblütige Tiere derselben Art in kalten Gebieten größer sind als in warmen. Die Begründung liegt in der Energieeffizienz: Große Volumen haben im Verhältnis weniger abstrahlende Oberfläche.

Bei der Körpergröße spielen auch die Wechselbeziehungen zu anderen Arten eine Rolle. Je nach Ausgestaltung der ökologischen Nische (des Beziehungsgefüges, in das eine Art eingebettet ist) können sich unterschiedliche Körpergrößen lohnen. Auf den Kanarischen Inseln fehlt die Aaskrähe, was wohl mit ein Grund dafür ist, dass die dortigen Kolkraben besonders klein sind. So können sie zusätzlich einen Teil der sonst von Krähen besetzten Nische für sich beanspruchen. Bei den Gefiedermerkmalen ist es schwieriger, plausible Erklärungen für die geografische Variation anzugeben.

Ein erster Blick auf die Evolution

Im Verlauf der biologischen Evolution haben sich standörtliche Anpassungen und die Positionierungen im ökologischen System ergeben. Wie Knud Jønsson und seine Mitarbeiter darlegten, war der Ausgangspunkt für die Entwicklung des Kolkraben die Auffächerung der Vorfahren der Gattung *Corvus* im mittleren Miozän, vor rund 10 Millionen Jahren. Diese auf spezifischen Anpassungen beruhende Radiation erfolgte von der Paläarktis aus (eine zoogeografische Region, die Europa, Nordafrika und das nördliche und mittlere Asien umfasst) und führte in alle Kontinente, mit Ausnahme von Südamerika und der Antarktis. Seit dem Pliozän, einige wenige Millionen Jahre vor heute, lässt sich der Kolkrabe als Art abgrenzen. Dieser ist an ganz verschiedene Lebensräume angepasst, bevorzugt aber solche mit offener oder halboffener Struktur, die einen guten Überblick erlauben. Ähnliches gilt für den modernen Menschen *Homo sapiens,* dessen (späteres) Vordringen in die ganze Welt Ausdruck von Entwicklungsschritten ist, die an jene von Raben und Krähen erinnern. Die seit Langem andauernden, mannigfaltigen Wechselbeziehungen zwischen Menschen und Vögeln der Gattung *Corvus* verdeutlichen die Parallele. John Marzluff und Tony Angell schrieben insofern gar von einer «kulturellen Koevolution».

Evolution bedeutet Entwicklung, und so sind alle biologischen Phänomene als Momentanzustand zu verstehen, besser noch als gegenwärtige Phase in einem ständig weitergehenden Prozess. Molekulare Methoden der Genetik haben nicht nur die von Charles Darwin entdeckten Grundlagen der biologischen Evolution eindrücklich bestätigt, sondern die früheren morphologisch vergleichenden, vor allem auch auf Fossilien beruhenden Befunde wesentlich ergänzt und neue Perspektiven eröffnet. Mehr noch, die modernen Technologien zur Analyse von DNA-Sequenzen haben zu einer eigentlichen Revolution der genetischen Forschung geführt und bisher nie dagewesene Einblicke in die Verwandtschaftsverhältnisse und in den Verlauf der Evolution ermöglicht. Mit der sogenannten «molekularen Uhr» ist es möglich geworden, evolutionäre Auffächerungen zeitlich einzuordnen. Aufgrund der Anzahl genetischer Veränderungen bei zwei verwandten Arten lässt sich – aufgrund der Annahme, dass die Rate dieser Veränderungen stets etwa gleich hoch ist – auf den Zeitpunkt ihrer stammesgeschichtlichen Trennung schließen. Durch die Altersbestimmung von Fossilfunden und deren Lagerstätten kann die molekulare Uhr im Grundsatz überprüft werden.

Als ich 2019 eine Reise nach Kalifornien unternahm, fiel mir auf, wie eng die dortigen Kolkraben mit Menschen vertraut sind. Im Yosemite Valley beobachtete ich frühmorgens vor dem Besucheraufkommen in einem Gartenrestaurant Raben, die auf den Tischen herumstolzierten und auf der Plattform sowie in den Brettfugen nach liegengebliebener Nahrung suchten. In einer etwas weniger ausgeprägten Form kannte ich dies aus anderen Verbreitungsgebieten des Kolkraben. Ich sah dieses Verhalten im Zusammenhang damit, dass die Verfolgung der Art in diesen Gebieten weniger drastisch war, und in ihrer Fähigkeit, ungefährliche von gefährlichen Situationen zu unterscheiden. Diese Erklärung ist plausibel, doch haben Kevin Omland und seine Mitarbeitenden herausgefunden, dass sich die Kolkraben aus dem Westen der USA von allen übrigen holarktischen Kolkraben genetisch unterscheiden. Die ursprünglich im Westen Nordamerikas lebende Rabenform ging im Verlauf der letzten rund eineinhalb Millionen Jahre in zwei Formen auf: in den Weißhalsraben, eine eigenständige Art, und in den heutigen westamerikanischen Kolkraben *Corvus corax sinuatus,* eine Unterart des Kolkraben. Wie sich diese herausgebildet hat, ist bemerkenswert: Gemäß den Untersuchungen von Anna Kearns und ihren Mitarbeitenden hat sich in Kalifornien von der schließlich zum Weißhalsraben führenden Entwicklungslinie ein Zweig abgelöst und zur Kolkraben-Linie zurückgefunden. Die Vereinigung der beiden Kolkraben-Erblinien, kalifornisch und holarktisch, manifestiert sich heute in deren Mischverhältnis, das je nach geografischem Raum variiert. Der Einfluss der kalifornischen Linie ist im «Golden State» am stärksten, lässt sich aber in Spuren bis nach Alaska nachweisen. Die Entwicklungsgeschichte des westamerikanischen Kolkraben zeigt, dass die Herausbildung von Lebensformen nicht nur durch das stete Weiterverzweigen des Stammbaums erreicht wird, sondern – im Sinne vernetzter Evolution – gelegentlich auch durch Querverbindungen zwischen Abstammungslinien erfolgen kann. Ähnliche Genflüsse wurden übrigens zwischen dem modernen Menschen und dem Neandertaler *Homo neanderthalensis* festgestellt, wie Johannes Krause und Thomas Trappe in ihrem Buch «Die Reise unserer Gene» berichten.

Auf der Suche nach Kolkraben im Himalaja habe ich oft Dickschnabelkrähen *Corvus macrorhynchos* beobachtet. Diese sehen den dort in den Hochtälern stellenweise auftretenden Kolkraben der Unterart *tibetanus* ähnlich, sind aber erheblich kleiner. Gerd Diesselhorst, der in den 1960er-Jahren als einer der ersten Ornithologen die Vogelwelt in Nepal planmäßig untersucht hat, charakterisierte Dickschnabelkrähen als «kleine Kolkraben». Dafür sprechen der mächtige Schnabel – genau das bedeutet der Artname «*macrorhynchos*» – und der keilförmige Schwanz. Andere Merkmale wie die steile Stirnbefiederung, unauffälligere Kehlfedern und die weniger sonore Stimme machen den Unterschied, der bei dieser rein asiatischen Art auch in der genetischen Analyse von Elisabeth Haring und ihren Mitarbeitenden deutlich wurde. Interessant ist allerdings die Feststellung, dass die in den Hochlagen lebenden Dickschnabelkrähen mehr Merkmale des Kolkraben aufweisen als die Artgenossen am Gebirgsfuß. Allein in Nepal werden dem Feldführer «Birds of Nepal» von Richard Grimmett und Mitautoren zufolge vier Unterarten benannt, wobei die Stellung dieser Formen in der biologischen Systematik umstritten ist. Ob ein genetischer Einfluss des Kolkraben zur Variation der Dickschnabelkrähe beigetragen hat oder ob sich ähnliche Strukturen unabhängig voneinander gebildet haben, muss hier offen bleiben.

Die beim Kolkraben und seinen nächsten Verwandten ansatzweise erwähnten genetischen und evolutionären Zusammenhänge stehen beispielhaft für das Verständnis, wie sich Leben entwickelt. Diesem liegt – unter den auf der Erde gegebenen Umweltbedingungen – ein Potenzial zugrunde, das überall und jederzeit die Ausbildung vielfältiger biologischer Erscheinungen hervorbringt. Die Wege sind nicht vorgezeichnet, sondern folgen dem Labyrinth der Evolution. Und dieses kennt mehr Zwischenstadien und Entwicklungsstufen, als man sich gewöhnlich bewusst ist. Das menschliche Denken sucht nach einfachen Ordnungsprinzipien, die dem Wesen der Natur oft nur teilweise entsprechen. Manches ist komplexer und mit mehr Optionen versehen, als anfänglich gedacht. Mir haben die Feldbeobachtungen, Literaturrecherchen und Reflexionen exemplarischen Einblick in die Vorgänge in der Natur geboten. In folgenden Kapiteln, in erster Linie gegen Schluss dieses Buches, werde ich hierzu weitere Aspekte einbringen und zu einem Gesamtbild verdichten.

Links Der Kolkrabe, ein schwarzer Riese. Munt Baselgia, 10. Oktober 2019.

Rechts Vielfältige Ausdrucksweisen, hier imponierend mit gesträubtem Kopfgefieder. Val dal Spöl, 17. Dezember 2019.

Links Der große schwarze Vogel im Flug. Val dal Spöl, 4. Januar 2020.

Rechts Im Gebirge sind Felsen, hier Dolomitgestein, ein wichtiger Teil des Kolkrabenlebensraums. Val dal Spöl, 23. Dezember 2019.

Ein Kolkrabe in den Alpen. Spissertal, 3. Januar 2021.

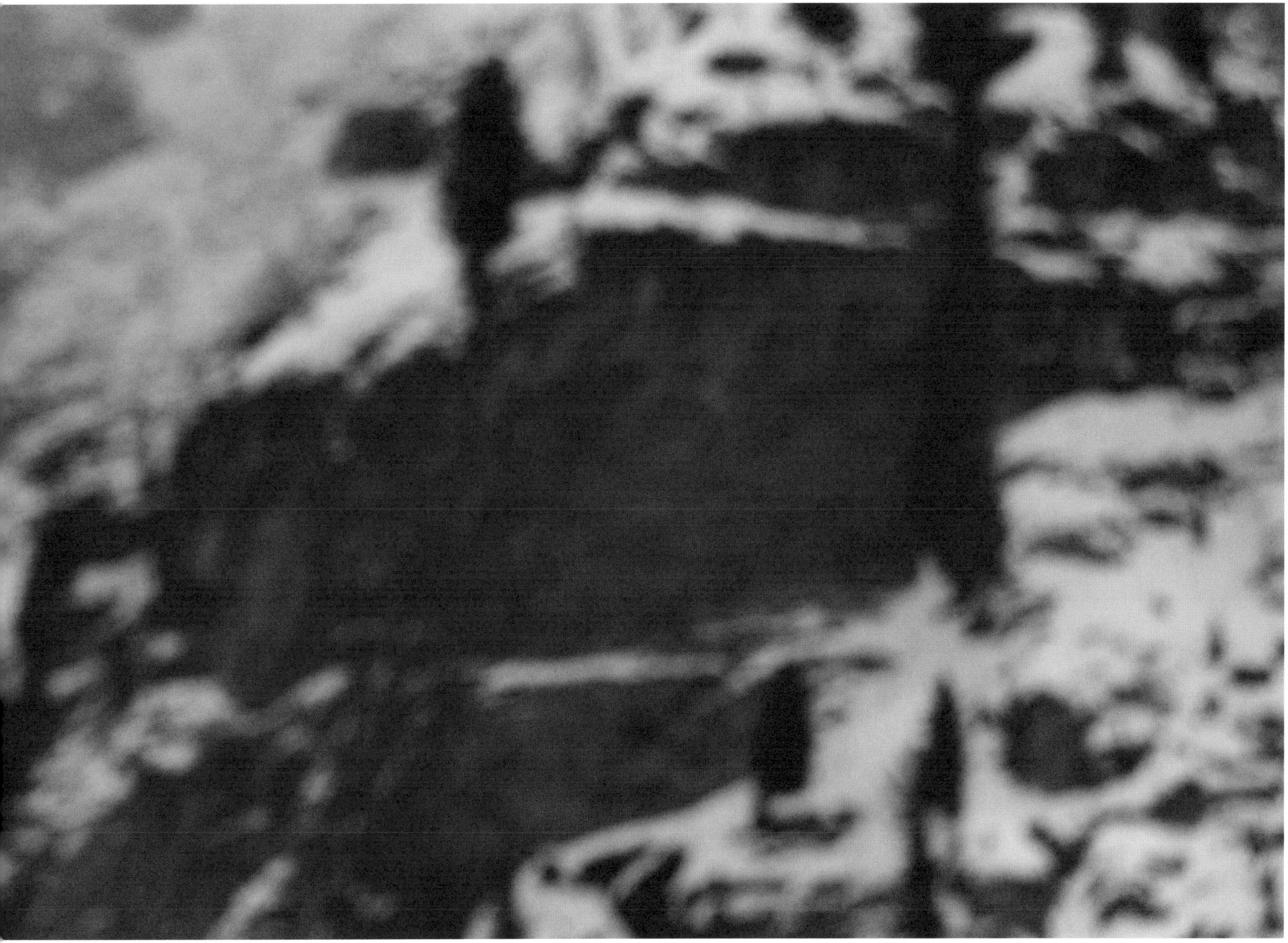

Links Die kleinste Unterart: der kanarische Kolkrabe (Unterart *canariensis* alias *jordansi*). Lanzarote, 17. Mai 2015.

Rechts Ein Kolkrabe im vulkanischen Gelände der Kanarischen Inseln, mit einem Brotstück im Schnabel. Gran Canaria, 12. September 2021.

Links Die größte Unterart: der tibetische Kolkrabe (Unterart *tibetanus*) im kargen Hochland von Ladakh, Indien. Changtung, 12. Juli 2012.

Rechts Die Unterart *tibetanus* kommt auch in Hochtälern des Himalaja vor. Langtang, Nepal, 5. Mai 2017.

Links Ein westamerikanischer Kolkrabe *Corvus corax sinuatus* bei San Francisco, rechts hinten ein Pylon der Golden Gate Bridge. 8. Mai 2019.

Rechts Der einheimische Kolkrabe gehört zur Unterart *corax,* das nominotypische Taxon Carl von Linnés. Munt Buffalora, 22. Juni 2020.

Eigenschaften des Kolkraben

Merkmale

Als größter Raben- und mächtigster Singvogel ist der Kolkrabe eine eindrückliche Erscheinung. Die Flügelspannweite kann 130 cm und mehr betragen, das maximale Körpergewicht liegt bei mitteleuropäischen Kolkraben bei 1500 g, bei jenen im hohen Norden und in Tibet dürften die schwersten 2000 g erreichen. Männchen sind etwas größer als Weibchen. Beide Geschlechter sind einheitlich schwarz mit Metallschimmer. Das Licht wird vom Gefieder des Kolkraben in der Regel weitestgehend absorbiert, was zur dunklen Erscheinung führt. Das von der Körperoberfläche nicht absorbierte Licht wird reflektiert, was Farbeffekte auslöst und sogar zu hell erscheinenden Gefiederpartien führen kann. Weitere typische Merkmale sind der kräftig-klobige Schnabel, der rund 7 cm lang und an der Basis bis 3 cm hoch ist, und die oft zottig abstehenden, bisweilen gesträubten oder im Wind wehenden langen Kehlfedern. Solche fehlen den jüngeren Vögeln. Diese tragen außerdem ein leicht bräunliches Gefieder.

Im Flugbild fällt die hervorstehende Kopf- und Halspartie auf, die Flügel sind recht schmal und lang mit gefingerten Flügelspitzen. Der Schwanz ist bei Altvögeln keilförmig, bei Jungvögeln hingegen am Ende mehr abgerundet. Beine und die mit spitzen Krallen bewehrten Füße sind ziemlich kräftig ausgebildet, doch sind sie weit weniger stark als jene von spezialisierten Beutegreifern wie Greifvögeln oder Falken. Im Flug ziehen Kolkraben ihre Beine und Füße an den Körper an, manchmal sind diese von Federn überdeckt. Dagegen legen fliegende Greifvögel und Falken die gestreckten Beine nach hinten unter die Schwanzbasis.

Die Bewegungen des Kolkraben lassen ihn ebenfalls als solchen erkennen: Beispielsweise das gravitätische Einherschreiten auf dem Boden oder der Ruderflug, bei dem die Flügel steif anmutend mit weniger Amplitude nach unten und oben geschlagen werden als bei der Aaskrähe. Überdies verursachen die Flügelschläge des Kolkraben ein Geräusch wie «wuch-wuch-wuch», das gegebenenfalls über Hunderte von Metern hörbar ist. Auch die rasanten Sturzflüge erzeugen ein Rauschen, das einen auf kurze Distanz sogar erschrecken kann.

Zu den besonders typischen Merkmalen des Kolkraben gehört seine Stimme, die geografisch im Sinne von Dialekten variiert und ebenso durch individuelle Eigenheiten charakterisiert ist. In der Regel wird man aufgrund der sehr oft geäußerten, über Distanzen von 1 km und mehr hörbaren tieftönenden von «kra-kra-kra» zu «kroak-kroak-kroak» variierenden Laute auf die Art aufmerksam. Diese Rufe stehen wohl meist in Verbindung mit der Präsenzmarkierung und dem partnerschaftlichen Kontakt. Bei der Interpretation der Lautäußerungen ist allerdings angesichts des komplexen Soziallebens des Kolkraben und der Fähigkeit zum Nachahmen fremder Laute Vorsicht geboten. Das Stimminventar ist enorm vielfältig: Es umfasst Dutzende von oft individuell abgewandelten Lauten, wobei manche nicht ausschließlich im selben Kontext geäußert werden. Peter Enggist-Düblin und Ueli Pfister haben gezeigt, dass Kolkraben Lautäußerungen vorab von Geschlechtsgenossen lernen und übernehmen. Im Zusammenhang mit Nahrungsquellen wurden verschiedene Rufe beschrieben, deren Ausprägung und vor allem Häufigkeit je nach Geschlecht, Alter und Anwesenheitsstatus variieren, was nach Thomas Bugnyar, Georgine Szipl und Javier Sierro für ein individuenbasiertes kommunikatives Netzwerk spricht. «Haa»-Rufe sind typisch für Nichtbrüter, wenn Nahrung in Aussicht steht, an die man aber noch nicht herangekommen ist. Oft und weit vernehmbar ist der sogenannte Feindruf «gráák», in kurzen Intervallen stakkatoartig vorgetragen und bei besonderer Erregung beschleunigt, der anlässlich von Auseinandersetzungen mit Artgenossen und im Kontakt mit größeren Greifvögeln wie Steinadler, Bartgeier oder Habicht zu hören ist. Eine für das Entdecken von (zumeist sitzenden) Kolkraben nützliche, wenn auch nur auf wenige Hundert Meter hörbare Lautäußerung ist ein eigentümliches Glucksen. Dabei gibt es verschiedene Ausdrucksformen, die dem Imponierverhalten zugeordnet werden. Diese Hinweise zum Stimminventar von Kolkraben sollen genügen. Die Lautäußerungen sind so vielfältig, wandelbar und mehrdeutig, und der soziale Kontext ist so vielschichtig, dass hier lediglich eine ansatzweise Erwähnung möglich ist.

Lebensweise

Von Georges Léopold Chrétien Frédéric Dagobert, Baron de Cuvier (1769–1832), einem der Mitbegründer der vergleichenden Anatomie, ist im Zusammenhang mit der gehörnten und bocks- oder pferdefüßigen Teufelsgestalt der Ausspruch überliefert: «Der Teufel ist ein Pflanzenfresser, er hat Hufe und Hörner.» Damit wird nicht nur die Personifizierung des Bösen ein Stück weit entdämonisiert, sondern es kommt zum Ausdruck, dass Gestalt und Lebensweise zusammenhängen. Cuvier hatte erkannt, dass man aus anatomischen Vergleichen weitreichende Schlussfolgerungen ziehen kann.

Der Flugapparat des Kolkraben macht ihn zum exzellenten Flieger. So kann er ein großes Gebiet kontrollieren. Beine, Füße und Krallen weisen keinen spezialisierten Jäger aus, zumindest nicht bezüglich größerer Beutetiere. Andererseits ist der Bauchraum und somit das Verdauungssystem in seinem Volumen und seiner Anlage eher bescheiden und nicht auf die aufwendige Verwertung energiearmer pflanzlicher Nahrung ausgerichtet.

Auffällig ist hingegen die ausgeprägte Kopfpartie mit dem markanten Schnabel. Dieser darf als jagdliches Rüstzeug nicht überbewertet werden, obwohl es in der Regel Schnabelhiebe sind, die zum Tod von gewissen Beutetieren führen. Der Schnabel ist vielmehr ein Hilfsmittel für die Aufnahme und den Transport von Nahrung, vorzugsweise Fleisch von toten Großtieren, die als Nahrungsquelle besonders ergiebig sind. Dicke Haut vermögen Kolkraben nicht zu durchdringen, sodass sie sich von bestehenden Körperöffnungen aus an den Kadaver heranmachen. Der lange Schnabel erweist sich dabei als geeignetes Instrument, um effizient Fleisch aus dem Körperinneren herauszureißen. Gegebenenfalls wirkt der Schnabel als Meißel, um von gefrorenen Tierkörpern kleine Nahrungsstücke abzulösen. Er ist mit seinen beeindruckenden Dimensionen auch beim Nahrungstransport nützlich. Kolkraben können in kurzer Zeit erhebliche Nahrungsmengen wegbringen, im Kehlsack sowie im Mundraum und im langen Schnabel. Zentral für das von der Anatomie hergeleitete Verständnis der Lebensweise des Kolkraben ist sein markanter Hinterkopf mit entsprechender Hirnkapsel, die ein hoch entwickeltes, leistungsfähiges Nervenschaltzentrum beherbergt.

Alle diese erwähnten Voraussetzungen und Eigenschaften weisen den Kolkraben als Generalisten aus, dessen flexibles Wesen darauf beruht, durch hohes Flugvermögen, weit reichenden Blick, Aufmerksamkeit und Einfallsreichtum sowie gegebenenfalls im Kollektiv mit Artgenossen energiereiche Nahrung jeglicher Art ausfindig zu machen, zu erjagen oder anderen Tieren wegzuschnappen. Gefressen wird – je nach regionaler und saisonaler Verfügbarkeit – alles, was hochwertig, gut verdaulich und greifbar ist. Generell ist der Kolkrabe ein ausgeprägter Aasverwerter, der Überreste von wild lebenden Huftieren sowie Vieh einschließlich Aufbrüchen (ausgeweidete Innereien) von auf der Jagd erlegten Tieren und ebenso Nachgeburten nutzt. Sehr attraktiv – weil besonders energiereich – ist Fett. Letztlich werden opportunistisch alle tierischen und überdies gehaltvolle pflanzliche Ressourcen genutzt, speziell auch Essensreste. Aufgesammelte oder erjagte Tiere wie Regenwürmer, Weichtiere, Großinsekten, Reptilien, Vögel und deren Eier sowie kleine oder reglose Säugetiere gehören ebenfalls zum Nahrungsspektrum. Dieses umfasst im Weiteren Früchte, Sämereien und andere reichhaltige pflanzliche Kost, vor allem auch solche aus der landwirtschaftlichen Produktion. Beliebt ist die Nutzung von organischen Abfällen in Mülldeponien oder auf Abfallhalden, in erster Linie durch größere Gruppen umherstreifender Kolkraben. Reine Flüssigkeitszufuhr ermöglichen Wasser oder Schnee.

Für den vielseitigen, flexiblen Nahrungserwerb des Kolkraben sind höhere kognitive Fähigkeiten vorteilhaft und oft sogar zwingend. Grundsätzlich geht es darum, ohne ausgeprägtes räuberisches Instrumentarium selbst in eher kargen Lebensräumen an gehaltvolle Nahrung heranzukommen. Da Kolkraben sehr (bewegungs-)aktive Tiere sind, wie wir Menschen ein leistungsfähiges und damit aufwendiges Gehirn besitzen und dazu noch vogeltypisch hohe Körperinnentemperaturen aufrechterhalten, ist der Energiebedarf besonders groß. Dies gilt erst recht für erfolgreich brütende Paare, die während der nur gut 40 Tage dauernden Nestlingszeit bis zu vier oder noch mehr Jungvögel großziehen und hierfür viel eiweißreiche Nahrung mit Mineralien und Vitaminen benötigen.

Die Nahrungssuche ist leichter zu zweit als Paar und im kollektiven Verbund, vor allem bei weit im Gebiet verteilten und unauffälligen Ressourcen. Nützlich erweist sich die Fähigkeit, auf die Begleitfauna zu achten. Während vieler Jahre habe ich Steinadler erforscht und an Köderplätzen einige von ihnen eingefangen. Manche Tage habe ich damit verbracht, aus nah und fern die an den Fangplätzen ausgelegten Wildtierkadaver zu beobachten. Diese wurden nicht nur von Adlern angenommen, sondern zuerst meist von Rabenvögeln, konkret von Elstern, Tannenhähern, Aaskrähen und Kolkraben. Letztere trafen aber kaum jemals als Erste ein. Der Hauptgrund hierfür mag ihre vorsichtige Lebensart gewesen sein, doch schien mir in mehreren Fällen klar, dass zuerst lokal ansässige kleinere Rabenvögel den Nahrungsplatz entdeckt hatten, deren geschäftiges Treiben anderen Nutzern wie Kolkraben und schließlich Steinadlern auffiel. Ähnliches berichten Daniel Stahler, John Vucetich sowie Lauren Walker und ihre Mitarbeitenden aus Nordamerika, wo in gewissen Gebieten

Kolkraben und Wölfe zu einer Lebensgemeinschaft zusammengefunden haben, die Vorteile bringt, aber manchmal auch zu Verlusten führt. Bernd Heinrich hat deswegen die Kolkraben als «wolf-birds» bezeichnet.

Als Aasverwerter ist der Kolkrabe vom Vorhandensein großer Tiere abhängig. So lebt er bevorzugt in wildtierreichen Gebieten sowie in solchen, wo es bei der Viehhaltung oft Verluste gibt. Dabei gehört er zur Begleitfauna von Beutegreifern, die Huftiere jagen, insbesondere des Wolfs, der in höheren nördlichen Breiten der wirkungsvollste Prädator in Landökosystemen ist. Bei einem Riss oder einem anderen größeren Nahrungsangebot verfügt der Kolkrabe dank der oben erwähnten Eigenschaften über die Fähigkeit, in kurzer Zeit erhebliche Nahrungsmengen abzutransportieren und als Vorrat zu verstecken. Das den Rabenvögeln eigene, hoch entwickelte Gehirn leistet die entscheidende Hilfe, um solche Depots wiederzufinden und mit deren Inhalt sorgsam umzugehen. Die hohen kognitiven Fähigkeiten des Kolkraben und seine exzellenten Flugleistungen sind bezüglich der Herausforderungen, die sich der Art gerade bei der Beschaffung, der Hortung und allenfalls der Verteidigung der Nahrung stellen, existenzielle Erfordernisse. Dazu gehören auch der Umgang mit wehrhaften Konkurrenten an gemeinsam genutzten Kadavern sowie das Zusammenleben in Brutnachbarschaft. Letztlich muss jedes Lebewesen über Anlagen und Strategien verfügen, die ihm erlauben, sich unter den gegebenen Umständen zu behaupten.

Links Ein Kolkrabe in Balance auf einer Baumspitze. Val dal Spöl, 3. Februar 2020.

Rechts Abflug in Sekundenschnelle. Val dal Spöl, 3. Februar 2020.

Ein Paar auf gemeinsamer Warte: das Männchen links, das Weibchen rechts. Val dal Spöl, 6. Januar 2019.

Links Im Gleitflug bei Schneefall. Val dal Spöl, 13. November 2019.

Rechts Mit gewinkelten Flügeln und angezogenen Füßen pfeilschnell vorwärts. Spissertal, 5. Februar 2021.

Links Keilförmiger Schwanz beim adulten (erwachsenen) Kolkraben. Val dal Spöl, 31. Dezember 2018.

Rechts Nahe vorbeirauschend. Val dal Spöl, 2. Januar 2019.

Links Gravitätischer Schritt. Val dal Spöl, 28. November 2019.

Rechts Beine und Füße eines Kolkraben. Val dal Spöl, 4. November 2018.

Links Imponierverhalten: glucksende Verbeugungszeremonie. Val dal Spöl, 6. November 2019.

Rechts Körperhaltung beim üblichen Ruf «kra-kra-kra». Val dal Spöl, 31. Dezember 2018.

Links Der perfekte Flieger: recht schmale, lange sowie gefingerte Flügel und ein markanter Schwanz. Val dal Spöl, 13. November 2019.

Rechts Arttypisch: voluminöser Hinterkopf, moderat ausgeprägte Greiffüße und kein besonders großer Bauchraum. Val dal Spöl, 2. März 2019.

Links Kolkraben beobachten ständig das Geschehen in ihrer Umgebung, auch um Nahrungsquellen zu finden. Val dal Spöl, 2. November 2021.

Rechts Das Lebensende dieses alten Rothirsches ist nicht mehr fern; danach werden Aasverwerter von ihm profitieren. Spissertal, 26. Januar 2021.

Links Lawinen reißen immer wieder Wildtiere mit, deren Kadaver Aasverwertern Nahrung bieten. Val dal Spöl, 14. Dezember 2019.

Rechts Ein Bartgeier bei einem Lawinenopfer, einer Gämse, wo sich zuvor ein Kolkrabe gütlich getan hatte. Val dal Spöl, 10. März 2019.

Links Dieser Kolkrabe nutzt eine verendete Gämse, indem er durch das Loch in der Haut ans Fleisch gelangt. Val dal Spöl, 16. Dezember 2020.

Rechts Nutzung eines Kadavers oft bis zum letzten Rest: Selbst ein blanker Knochen wird noch abtransportiert. Val dal Spöl, 9. Dezember 2020.

Links Ein Kolkrabe im Anflug: Die Aussicht auf Nahrung löst erhöhte Flugaktivität aus. Val dal Spöl, 10. Dezember 2019.

Rechts Nicht nur für Kolkraben attraktiv: großer Steinbock an seiner letzten Ruhestätte, mit Aaskrähe. Maloja, 20. März 2021.

Links Anflug neben dem Nahrungsplatz. Val dal Spöl, 6. November 2019.

Rechts Mit Fett und Fleisch von einem Köderplatz für die Fuchsjagd abfliegend. Val dal Spöl, 6. November 2019.

Links Nach der Nahrungsaufnahme wird häufig der Schnabel geputzt. Val dal Spöl, 25. Januar 2021.

Rechts, oben Mit einem Biskuit im Schnabel. Testa Grigia, 20. Februar 2020.
Rechts, unten Beim Öffnen einer Plastiktüte. Val dal Spöl, 4. März 2019.

Als Jäger unterwegs – mit einer Schlange im Schnabel. Point Reyes National Seashore, Kalifornien, 9. Mai 2019.

Die Kolkrabenpopulation

Brutvögel als Teil des Ganzen

Die Gesamtheit der Kolkrabenindividuen, die innerhalb eines bestimmten Gebietes vorkommen, bildet eine Population. Diese besteht aus Brutvögeln, die als Paare je ein Revier besetzen, und Nichtbrütern, die in der Regel in kleineren oder größeren, lose zusammengesetzten Gruppen auftreten und meist großräumig umherstreifen. Letztere sind zu einem erheblichen Teil jüngere Vögel vor der Geschlechtsreife. Diese tritt ab dem dritten Lebensjahr ein. Ältere Nichtbrüter können verpaart sein, verfügen aber über kein Revier, jedenfalls nicht anhaltend. Wegen ihres tieferen sozialen Status werden Nichtbrüter – ebenso wie jüngere, rangtiefere Individuen anderer Tierarten – oft als «Halbstarke» bezeichnet. Brutvögel halten in der Regel jahrelang zusammen und bauen oder erneuern Horste aus Ästen und Reisern, frisch hergerichtet mit napfförmiger, ausgepolsterter Vertiefung. Der Fortpflanzungserfolg kann von Paar zu Paar stark schwanken.

Das Nahrungsangebot für Kolkraben ist in der Regel im Raum verteilt, jedenfalls auf längere Sicht. Ein Huftierkadaver bietet zwar für mehrere Tage oder wenige Wochen Nahrung, doch später ist diese Quelle erschöpft und eine neue bietet sich kaum an derselben Stelle an. Die erjagbaren kleinen oder wenig mobilen Tiere sind ohnehin zerstreut zu finden. Unter diesen Voraussetzungen ist es für Brutvögel gewinnbringend, einen bestimmten Raum zu beanspruchen und dieses Revier (auch Territorium genannt) gegenüber Artgenossen zu verteidigen. Sich fortpflanzende Kolkraben sind zwei Monate lang an den Horst gebunden: Die Bebrütung obliegt weitestgehend dem Weibchen und dauert drei Wochen, die Jungvögel werden sechs Wochen später flugfähig. In dieser Zeit muss die benötigte Nahrung aus einem angemessenen, nicht zu großen Umkreis um das Nest gewonnen werden können, erst durch das Männchen für die Ernährung des brütenden Weibchens, dann durch beide Brutpartner für die Fütterung der rasch wachsenden, ständig hungrigen Nestlinge. Damit das Paar sein Revier einschließlich Brutplatz langfristig sichern kann, muss es das ganze Jahr über präsent sein. Territorialität erfordert Aufwand, die Möglichkeit der weitgehend exklusiven Nutzung des besetzten Geländes bietet jedoch Vorteile, und geeignete Niststellen lassen erst eine Fortpflanzung zu.

Von der lückenlosen Anwesenheit im Revier scheint in Ausnahmefällen abgewichen zu werden, wohl vor allem, wenn außerhalb gelegene größere Nahrungsquellen locken. Benachbarte Brutvögel kennen sich und sie stehen auch mit Nichtbrütern im Austausch. Solche Bekanntschaften, verbunden mit der Fähigkeit, innerartliche Aggressionen zu zügeln, eröffnen zusätzliche Möglichkeiten der Verständigung und selbst der Kooperation. Bei der monogamen Dauerehe etablierter Kolkrabenpaare zeigt sich ebenfalls ein gewisser Spielraum, sie gilt nicht ausnahmslos. «Raben sind immer für eine Überraschung gut», dieses Zitat von Bernd Heinrich steht treffend für das flexible Sozialverhalten des Kolkraben, das eben nicht starr einem festgelegten Schema folgt, sondern individuell variieren kann, gerade weil sich Kolkraben oft auf persönlicher Ebene begegnen, einer Rangordnung folgen, zwischen Freund und Feind unterscheiden und Koalitionen bilden können. Diese Verhaltensweisen hängen mit ihren hohen kognitiven Fähigkeiten zusammen. Dabei zeigen sich verblüffende Parallelen zum Menschen.

Revierbesitzende Kolkraben sind gegenüber Trupps oder gar Schwärmen von Nichtbrütern trotz oftmaliger Zeichen der Intoleranz machtlos. Allerdings: Bei großen Nahrungsquellen können weitere Artgenossen sogar willkommen sein, zum Beispiel, wenn Nichtbrüter bei der Annahme von frisch verfügbarer Nahrung vorangehen, zu der sich Reviervögel noch nicht vorwagen. Für das räumliche Verhalten normalerweise territorialer Tiere schaffen ungleichförmig verteilte Ressourcen eine schwierige Ausgangslage, an die sich die agilen Kolkraben aber anzupassen vermögen.

Brutvögel halten in der Regel jahrelang an ihrer Paarbindung fest und besetzen ein Revier, das die nötigen Ressourcen einschließt. Abhängig von der Ernährungssituation werden ganz unterschiedliche Flächengrößen beansprucht. Pierre-Alain Oggier nannte für das Wallis eine Spanne zwischen 0,5 und nahezu 200 km^2. Die meisten Reviere umfassen 15–30 km^2. In höheren alpinen Lagen – wo es wegen der geringen Produktivität des Lebensraums generell wenig Fressbares gibt und wenn, dann nur temporär und weit verteilt – sind sie viel größer als entlang von tief gelegenen Haupttälern. Das Paar Buffalora nutzt im weiteren Bereich der Ofenpasshöhe (2149 m ü. M.) zwischen Engadin und Münstertal eine Fläche von mindestens 50 km^2. Wechselhorste, das heißt Nistplätze im selben Revier, die in verschiedenen Jahren benutzt werden, liegen hier bis 4,9 km auseinander. Der höchste Nistplatz befindet sich auf 2515 m ü. M.

Die Bindung zwischen den beiden Paarpartnern ist eng. Sie stehen meist im Sicht- und/oder Rufkontakt zueinander, viele Aktivitäten werden gemeinsam ausgeführt. Ein erheblicher Teil ihrer Zeit verbringen die beiden Vögel auf gemeinsamen Warten, wo sie Ausschau halten und sich der Gefiederpflege widmen. Körperstellen, die von einem Individuum allein nicht oder nur eingeschränkt erreicht werden können, vor allem am Kopf, werden von den Partnern gegenseitig geputzt. Das Niederhalten mit dem Darbieten des Hinterkopfs steht als Aufforderung für den Partner, dort mit seinem Schnabel zu kraulen. Entsprechend zum äußerst vielseitigen Stimminventar zeigen Kolkraben mannigfaltige, individuell variierende Verhaltensweisen innerhalb der Paargemeinschaft und darüber hinaus: Das Füttern des Partners und der ganze Kanon des Fortpflanzungsverhaltens sind hier ebenso zu nennen wie die bereits erwähnte Verbeugungszeremonie, Imponieren, Drohen und Beschwichtigen, spielerische Verhaltensweisen sowie das aggressive (Feind-)Verhalten sowohl inner- als auch zwischenartlich.

Alle Lebewesen müssen sich für ihre Existenz in ihrer Umwelt behaupten. Sie geben ihre Gene an ihre Nachkommen weiter und vermitteln ihnen erlernte Fähigkeiten. So können künftige Generationen entstehen und anpassungsfähig bleiben. Letztlich geht es um positive Energiebilanzen und damit um ökonomische Kriterien, dies selbstverständlich auf längere Sicht. Die räumliche Verteilung der Kolkrabennahrung, deren exklusive Nutzung durch etablierte, also revierbesitzende Paare sowie der Zusammenhalt und Verbleib der Paarvögel in ihrem Territorium über Jahre stehen für ein Lebenssystem, das sich bewährt und Früchte trägt. Veränderungen bei der Ernährungssituation, aber auch der Konkurrenzdruck durch Nichtbrüter einschließlich reviersuchender Paare sowie eingeschränkte Lebenstüchtigkeit eines Brutpartners oder dessen Tod können zu Fluktuationen bei der Revierverteilung und somit bei der Paardichte führen. Dies kommt vor allem bei Bruten oder Brutversuchen zum Ausdruck, die gelegentlich an sonst nicht als Horstgebiet bekannten Plätzen stattfinden, in späteren Jahren jedoch nicht mehr bestätigt werden können.

Reviere im Engadin

Die Siedlungsdichte der Kolkrabenpaare wird oft überschätzt. Dies ist bereits im «Handbuch der Vögel Mitteleuropas» von Urs Glutz von Blotzheim und Kurt Bauer zu lesen und erklärt sich in erster Linie durch die hohe Mobilität der Kolkraben einschließlich ihrer oft weiträumigen Horstplatzwechsel innerhalb der Reviere sowie durch fälschliche Miteinrechnung von Nichtbrütern. Bei zwei Bestandsaufnahmen auf einer 780 km^2 großen rechteckigen Fläche im mittleren Engadin 2015 und 2020 habe ich im ersten Jahr 16 und ein halbes Jahrzehnt später 14 ansässige Paare gezählt, also ein Paar auf 50–55 km^2 oder etwa zwei Paare pro 100 km^2. Kleinräumigere Erhebungen in den Jahren 1977/1978 sowie 2018 ergaben, dass bei hoher Wintersterblichkeit wild lebender Huftiere vorübergehend einige wenige zusätzliche Paare Fuß fassen können, mittelfristig bleibt die Brutpopulation allerdings ziemlich konstant. Dies stellte bereits Pierre-Alain Oggier vor über 30 Jahren im Wallis fest, und er wies – passend zu den unterschiedlichen Reviergrößen – auch auf die positive Korrelation zwischen Nahrungsangebot und Siedlungsdichte hin.

Der Bruterfolg dürfte in ähnlicher Weise von der Nahrungsversorgung abhängen: In den beiden Untersuchungsjahren 2015 und 2020 betrug die Nachwuchsrate (Anzahl Flügglinge pro etabliertes Paar und Jahr) der ausschließlich in Felshorsten brütenden Vögel im Mittel 1,2. Ein Paar verzichtete in beiden Jahren auf die Eiablage, in einigen anderen Revieren beschränkte sich das Nichtbrüten auf ein Jahr. Diverse Paare brachen die Bebrütung ab. Ein einziges Mal musste der Verlust aller Nestlinge festgestellt werden. Die Zahl der Flügglinge im selben Nest schwankte zwischen 1 und 4. Im ersten Jahr der Bestandsaufnahme flogen insgesamt 20 Junge aus, 2020 waren es 16.

Sämtliche Kolkrabenpaare eines Gebietes zu überwachen, ist trotz ihres meist auffälligen Verhaltens und entgegen der Erwartung mancher Ornithologen schwierig und macht zahlreiche Kontrolltouren nötig. Im Frühling 2020 beobachtete ich im Haupttal des Engadins zwischen Zernez und Brail Kolkrabenpaare an zwei Horsten, die knapp 3 km auseinanderlagen. Zuvor hatte ich in der benachbarten Val Tantermozza, einem Seitental, bereits eine Kolkrabenbrut festgestellt. Mehrtägige Recherchen ergaben dann, dass sich alle diese Beobachtungen auf dasselbe Paar bezogen. Es hatte die Bebrütung in der Val Tantermozza frühzeitig abgebrochen und flog anschließend zwei verschiedene Brutplätze im Bereich der Engadiner Haupttalachse an. Erhebungen des Paarbestands werden beim Kolkraben dadurch erschwert, dass sich die Brutvögel nur in Einzelfällen auf Distanz individuell unterscheiden lassen, dass sie sehr mobil sind und situativ andere Brutstandorte wählen. Von den 14 Paaren 2020 brüteten bloß zwei im selben Horst wie 2015. Überdies treten immer wieder fremde, nichtbrütende Kolkraben auf, darunter auch verpaarte Vögel auf der Reviersuche. Solche Beobachtungen können zu Verwirrung führen und verlangen nach weiteren Kontrollen. Und schließlich ist nach frühen Brutabbrüchen in Einzelfällen mit Nachgelegen in anderen Horsten zu rechnen, die die ohnehin voneinander abweichenden Bruttermine selbst benachbarter Paare noch stärker auseinanderklaffen lassen.

Die angeführten persönlich erhobenen Daten zur Raumbelegung im Engadin – rund 2 Revierpaare/100 km^2 – liegen im europäischen Vergleich am unteren Rand der Skala. So wurden gemäß «Handbuch» im norddeutschen Tiefland höchste Dichten von 5–10 Paaren/100 km^2 ermittelt. In Großbritannien dokumentierte Derek Ratcliffe bis über 15 Paare/100 km^2, vor allem an Küstenstreifen und lokal in Weidegebieten mit hohem Anfall von Schafkadavern. Und auch der Bruterfolg ist in der Regel markant höher, wenn nicht gar doppelt so hoch wie im Engadin, jedenfalls, wenn die oft erfolglosen Bruten im Umfeld von Mülldeponien und ihren Nichtbrüterschwärmen ausgeklammert werden. Rolf Hauri, der sich vom «Schwarzen Riesen» stets angezogen fühlte und jahrzehntelang Kolkraben an Molassefelsen im bernischen Mittelland kontrollierte, beobachtete beispielsweise im Kolkrabenrevier bei den Gutenbrünnenflühen im Gürbetal in 36 Jahren (1951–1986) 31 begonnene Bruten, von denen 25 erfolgreich verliefen und zu rund 85 flüggen Jungen führten. Obwohl wegen des heterogenen Datenmaterials nur eingeschränkt vergleichbar, kontrastiert die Nachwuchsrate von ungefähr 2,4 zum im Engadin ermittelten Wert von 1,2.

Das Nahrungsangebot ist dafür verantwortlich, dass Kolkraben im Hochgebirge zwar weit verbreitet sind, dort aber nur unterdurchschnittliche Siedlungsdichten und Fortpflanzungsraten erreichen. Der Energiebedarf für die Aufzucht von Jungvögeln ist bei Kolkraben besonders hoch. Deshalb zeichnen sich in den wenig produktiven, meist sogar kargen Hochlagen Grenzen für das ständige Vorkommen ab. Durch die große Mobilität der Vögel lassen sich Engpässe entschärfen, aus dem Vollen schöpfen können die Kolkraben im Hochgebirge jedoch nicht. Die variablen Ernährungsbedingungen, vor allem das stark schwankende Angebot von Fallwild (außerhalb der Jagd zu Tode gekommenes Wild), sind vermutlich mit ein Grund für die mitunter situativ wechselnde Revierverteilung des Kolkraben, die im Vergleich zur Raumbelegung von Steinadlerpaaren weniger festgefügt ist.

Nichtbrüter: Jugendbanden mit älteren Unterprivilegierten

Nichtbrütende Kolkraben befinden sich in der Regel in Warteposition, um Brutvögel zu werden. Ein Revier zu besitzen, dürfte erstrebenswert sein, weil erst ein solches die Möglichkeit schafft, sich fortzupflanzen. Allerdings führt hohe innerartliche Konkurrenz dazu, dass wohl manche «Halbstarke» den Wechsel zu den Brutvögeln nicht schaffen. Allenfalls gelingt dies mit Verzögerung und/oder nur zeitweise.

Nichtbrüter sind nicht ortsgebunden. Sie nutzen hauptsächlich ergiebige Nahrungsquellen, die jedoch weit im Raum verteilt und teilweise bloß temporär vorhanden sind. Hierfür ist das Leben in Gruppen vorteilhaft. Nichtbrüter im Verband entdecken eher als Einzelvögel eine unvorhersehbare große Nahrungsquelle, und dort kann sich das ganze Kollektiv satt fressen. Bei anhaltend nutzbaren Plätzen finden sich nichtbrütende Kolkraben von weither und entsprechend zahlreich ein. Ständig verfügbare Nahrung im Überfluss ist indes kaum je natürlich, sondern durch den Menschen und seine Aktivitäten bedingt: Mülldeponien mit Haushaltsabfällen unter freiem Himmel bieten eine solche Situation. An derartigen Plätzen versammeln sich vorab nichtbrütende Kolkraben gegebenenfalls zu Hunderten. Dies führt bei den Nichtbrütern – im Gegensatz zu den Revierpaaren – zu einer äußerst ungleichförmigen, geklumpten Verteilung. Wegen des weiten Einzugsgebietes der Nichtbrüter wird auch ihr Bestand oft überschätzt, jedenfalls im überregionalen Rahmen.

Kolkraben verfolgen also je nach sozialer Zugehörigkeit verschiedene Strategien zur Nahrungsbeschaffung, die sich ohnehin durch Flexibilität auszeichnet. Sie verfügen über verblüffende Fähigkeiten zur Kommunikation. Wie John Marzluff sowie Jonathan Wright und ihre Mitarbeitenden zeigten, wirken gemeinsame Übernachtungsplätze von Nichtbrütern als Informationsquellen, wodurch die Vögel am folgenden Morgen umso zahlreicher an einer zuvor von einem einzelnen oder von wenigen Raben entdeckten Nahrungsquelle erscheinen.

Im Münstertal fiel mir auf, wie rasch Kolkraben bei einer soeben gemachten Jagdbeute eintrafen, oft binnen weniger Minuten. Mit der Zeit wurde mir bewusst, dass diese umgehende Reaktion durch die früher beim benachbarten Südtiroler Abfallwirtschaftszentrum Söles südlich von Glurns lebende Hundertschaft von nichtbrütenden Kolkraben begünstigt wurde. Die zahlreichen Vögel waren in der Umgebung allgegenwärtig. Sie nutzten Nahrung auch von außerhalb der Mülldeponie, gerade im Herbst, wenn im nahen Münstertal und anderswo Aufbrüche von erlegten Wildtieren lockten. Dabei reagierten sie bereits auf den Knall abgefeuerter Salven, kontrollierten das Gelände und wurden so in vielen Fällen rasch fündig. Die erhöhte Präsenz der Kolkraben in der weiteren Umgebung von Söles trug zur raschen und in der Folge durch nachkommende Vögel weitreichenden Nutzung der Überreste von Jagdbeuten in diesem Gebiet bei. Durch Gewehrschüsse, die in talnahen Schießständen räumlich und zeitlich konzentriert fallen, ließen sich diese intelligenten Vögel nicht beirren; sie wussten den mit der Aussicht auf Nahrung verbundenen Knall von Jagdwaffen richtig zu deuten und vom Schießlärm der Sportschützen zu unterscheiden.

Das Abfallwirtschaftszentrum Söles, das rund 35 Jahre lang Siedlungsabfälle nach oben offen lagerte und so Nutzern aus der Luft verfügbar machte, wurde ab 2016 als letzte dieser Anlagen in der Region Engadin und Umgebung saniert. Der Müllberg wurde sukzessive verschlossen, das Nahrungsangebot versiegte 2018, und im selben Jahr löste sich die dortige Kolkrabenansammlung von 100 und mehr Vögeln auf. Vorher nutzten die Nichtbrüter einen gemeinsamen Schlafplatz am bewaldeten Hang oberhalb der Deponie und flogen frühmorgens direkt zu dieser hinunter. Sie erkundeten aber auch die nähere und weitere Umgebung. Hatten sich früher im Verlauf von wenigen Tagen bis zu 50 Kolkraben bei Huftierkadavern im Raum um den Ofenpass (20 km Luftlinie von Söles entfernt) eingefunden und das Fleisch binnen weniger Wochen konsumiert oder mehr noch abtransportiert, konnten solche Schwärme nach der Versiegelung der Müllkippe Söles nicht mehr festgestellt werden. Dieser Wechsel manifestierte sich auch am Munt Baselgia oberhalb Zernez, 34 km Luftlinie von Söles entfernt, zur Zeit der Steinbockjagd im Oktober. In zwei Beobachtungszeiträumen zu je 12 Tagen – 2015/2016 (als Söles noch von Raben genutzt werden konnte) sowie 2018/2019 (als Söles aufgehoben war) – wurden alle Kolkraben erfasst: Dabei verminderte sich die durchschnittlich pro Tag registrierte Anzahl Nichtbrüter von (gerundet) 12 auf 2. Ansammlungen von 40 Individuen, wie am 12. September 2015 am Munt Baselgia gezählt, gehören der Vergangenheit an. Der Rückgang der Nichtbrüter im Raum Münstertal–Engadin muss mit der Auflösung der Mülldeponie Söles zusammenhängen.

Bereits Jahre zuvor hatte ich eine ähnliche Situation erlebt: Im Rahmen einer Radiotelemetriestudie fing ich zwischen 1989 und 1992 Steinadler ein. Hierfür legte ich in der Val Punt Ota, an der Grenze zwischen Ober- und Unterengadin, Kadaver wild lebender Huftiere als Köder aus. Diese wurden in der Regel zuerst von Rabenvögeln angenommen. Hin und wieder waren 10–20 Kolkraben am Aas und in dessen Nähe. Sie flogen an gewissen Tagen frühmorgens aus Richtung Oberengadin ein. Damals bestand bei Bever, 14 km vom Adlerfangplatz entfernt, eine offene Abfalldeponie, die zahlreiche Kolkraben anzog. Beispielsweise im August 1998 wurden dort – gemäß dem Standardwerk zur Vogelwelt im Oberengadin von Hermann Mattes und Kollegen – 150 Vögel gezählt. 1999 wurde diese Anlage geschlossen, worauf sich die Kolkrabenansammlung in der näheren und weiteren Umgebung auflöste.

Die beiden geschilderten Fälle zeigen: Generell ist bei Konzentrationen von Kolkraben und deren Wirkungen in Betracht zu ziehen, dass auf den Menschen zurückgehende Nahrungsquellen mitspielen können, selbst über erhebliche Distanzen. Dies ist auch bei Schäden in der Landwirtschaft zu berücksichtigen.

Nichtbrütende Kolkraben lassen sich über weite Strecken kaum blicken, treten örtlich aber gehäuft in Erscheinung, wie erwähnt oft in Trupps oder gar in Schwärmen. Die von Wiener Wissenschaftlern und primär von Matthias-Claudio Loretto durchgeführte GPS-gestützte Überwachung nicht ortsfester Kolkraben im Alpenraum dokumentierte Distanzflüge über große Teile der Ostalpen, so etwa Verlagerungen in Nord-Süd-Richtung über den ganzen Alpenwall hinweg. Überdies ergaben sich spannende Informationen zum Sozialverhalten. Nichtbrütende Kolkraben suchen regelmäßig bis 100 und mehr Kilometer weit voneinander entfernte, ergiebige Nahrungsquellen auf. Das sind stets solche menschlichen Ursprungs wie Mülldeponien, Kompostierungsanlagen, Wildparks oder auch ein Geierfütterungsplatz. Und bemerkenswert ist, dass die umherstreifenden Raben an diesen Hotspots manchmal mit denselben, bereits bekannten Individuen zusammentreffen. Hier können sich die Nichtbrüter wie kaum irgendwo sonst in ihrem Sozialverhalten üben. Nicht wenige von ihnen tragen ein mehr oder minder zerschlissenes Gefieder – ein Hinweis darauf, dass das Leben unter «Halbstarken» mit Konkurrenz verbunden und somit hart ist.

Das revierbesitzende Paar, Kernstück und Keimzelle der Kolkrabenpopulation. Val dal Spöl, 25. Dezember 2019.

Links Brutpaare sind territorial und kontrollieren ihr Revier oft gemeinsam – fliegend, aber auch sitzend. Munt Buffalora, 4. Juni 2020.

Rechts Ein hoher Überflieger, vermutlich ein Nichtbrüter. Munt Baselgia, 9. Oktober 2019.

Links Enge Paarbindung. Val dal Spöl, 17. November 2019.

Rechts Partnerschaftliche Gefiederpflege. Val dal Spöl, 1. Januar 2018.

Links Aufgerichtete «Federohren», als Imponiergehabe interpretiert, in der Rückenansicht. Val dal Spöl, 3. Februar 2020.

Rechts Das Weibchen (links) zeigt neben seinem Partner glucksend eine Verbeugungszeremonie. Val dal Spöl, 7. Januar 2020.

Links Flug mit Nahrung zur Partnerin. Val dal Spöl, 28. Januar 2020.

Rechts Das Männchen (links) füttert das Weibchen. Val dal Spöl, 25. Februar 2020.

Links Flugspiel eines Paares bei starkem Wind, der die Flugaktivität unterstützt und akrobatische Einlagen fördert. Val dal Spöl, 3. Februar 2020.

Rechts Mit schnittigem Profil durch die Luft sausend. Val dal Spöl, 20. Januar 2022.

Links Mit einem Ast im Schnabel Richtung Horst fliegend. Val dal Spöl, 17. Februar 2021.

Rechts Die ersten Sonnenstrahlen erreichen die Kolkraben-Brutfelsen am Munt Buffalora (rechts oben). 1. April 2017.

Links Ein besetzter Horst, gut geschützt an einer 150 m hohen senkrechten Felswand; ein Kolkrabe sitzt links oben. Spissertal, 15. April 2021.

Rechts Ein brütendes Weibchen. Tschlin, 16. April 2020.

Links Anflug zum Horst mit vierwöchigen Jungen, die erwartungsvoll der Fütterung entgegensehen. Feschelschlucht, Wallis, 28. April 2021.

Rechts Kolkraben sind fürsorgliche Eltern: Der abfliegende Altvogel holt erneut Futter für die fünfwöchigen Jungen. Splügen, 3. Mai 2022.

Links Die beiden vierzigtägigen Nestlinge wurden soeben gefüttert und schauen dem abfliegenden Elternvogel nach. Giarsun, 2. Mai 2020.

Rechts Zwei Jungraben mit ihren blauen Augen und dem rosa gefärbten Rachen betteln den futterbringenden Elternvogel an. Tschlin, 1. Juni 2020.

Links Anflug zum Horst in wilder Felslandschaft. Valle di Livigno, 27. April 2020.

Rechts Binnen sechs Wochen flügge: Jungraben entwickeln sich körperlich und kognitiv enorm rasch. Crastatscha, 14. Mai 2021.

Links Ein Elternvogel im Flug zu den mittlerweile ausgeflogenen Jungen; diese erhalten noch einige Wochen lang Futter. Munt Buffalora, 8. Juni 2020.

Rechts Ein diesjähriger Kolkrabe Anfang Juli mit den für Jungvögel typischen bräunlichen Körperfedern. Zermatt, 4. Juli 2021.

Links Ein diesjähriger Kolkrabe Anfang Juli; man beachte das für jüngere Vögel typische abgerundete Schwanzende. Bergün, 7. Juli 2020.

Rechts Ein diesjähriger Kolkrabe Ende August in der Jugendmauser; das Auge ist nun umgefärbt. Munt Baselgia, 29. August 2015.

Links Ein Trupp Nichtbrüter auf Wanderschaft. Piz Sursassa, 28. Oktober 2016.

Rechts Bei größeren Nahrungsquellen fliegen oft viele Nichtbrüter ein. Spissertal, 22. Januar 2021.

Links Nichtbrüter sind untereinander kompetitiv: Angriff im Sturzflug, begleitet von Feindrufen. Testa Grigia, 20. April 2019.

Rechts Das etwas zerschlissene Gefieder dieses älteren Nichtbrüters weist auf das harte Leben ohne Revierbesitz hin. Testa Grigia, 20. April 2019.

Konflikt zwischen revierlosen Kolkraben; der ranghöhere greift von hinten an. Testa Grigia, 20. Februar 2020.

Links Nichtbrüter plänkeln aus unbekannter Motivation im Luftraum über einer ergiebigen Nahrungsquelle. Spissertal, 19. Januar 2021.

Rechts Eingezäunter Müll, von oben jedoch frei anfliegbar: Abfallwirtschaftszentrum Söles unweit von Glurns, 8. April 2017.

Vorkommen in Raum und Zeit

Verbreitung

Dem Kolkraben ist es ausnehmend gut gelungen, große Räume zu besiedeln. In höheren nördlichen Breiten – wo keine Geier mehr vorkommen – spielt er in naturnahen Landschaften die Rolle des wichtigsten gefiederten Aasverwerters und dürfte dadurch eine bedeutende Leistung zugunsten der dortigen Ökosysteme erbringen. Das Verbreitungsgebiet des Kolkraben ist rekordverdächtig groß und umfasst einen breiten Gürtel der Nordhalbkugel zwischen Island, dem Nordrand Fennoskandiens, Russland ohne die allernördlichsten Abschnitte, Gebieten an der Beringstraße, Nordkanada und küstennahen Regionen Grönlands im Norden sowie den Kanarischen Inseln, dem Atlas in Nordafrika, nördlichen Teilen des Nahen Ostens, Rajasthan in Indien, dem fernen Osten Russlands und Mittelamerika (bis Nicaragua) im Süden. Hier zeigen sich erneut Parallelen zum Wolf, dessen ursprüngliches Vorkommen sich ebenfalls über beinahe ganz Eurasien und Nordamerika erstreckt hat, und ebenso zum Menschen als Kosmopoliten. Solch großräumige Besiedlung schaffen vornehmlich anpassungsfähige Lebewesen. Ihr Spezialisierungsgrad muss sich in Grenzen halten, damit die für das Vorkommen in unterschiedlichen Lebensräumen nötige Flexibilität gegeben ist. Das breite Nahrungsspektrum und wohl auch das zumindest zeitweise Leben in Gruppen – mit einem entsprechenden Sozialverhalten und der damit verbundenen Lernumgebung – sind für den Kolkraben und den Wolf wichtige Voraussetzungen, um in derart großen Räumen existieren zu können.

Bemerkenswert ist nicht nur das vier Kontinente tangierende Areal des Kolkraben, sondern gleichermaßen dessen Höhenverbreitung. An vielen Steilküsten brütet die Art knapp über dem Meeresspiegel; die dortigen, meist hoch produktiven Lebensräume bieten ideale Voraussetzungen. Andererseits finden sich in Tibet, abhängig von der dortigen Steppenfauna einschließlich der Weidewirtschaft, Kolkrabenhorste bis deutlich über 5000 m ü. M. Der Aktionsraum der Vögel reicht aber noch wesentlich höher: Gemäß dem 1976 erschienenen klassischen Feldführer über die Vögel Nepals sind Kolkraben am Mount Everest Bergsteigern bis in 8235 m Höhe gefolgt. In den Alpen ist der Kolkrabe ganzjährig regelmäßig auf über 3000 m ü. M. zu beobachten, zuweilen wird er bis zu den höchsten Gipfeln auf über 4000 m ü. M. festgestellt.

Aus dem riesigen Verbreitungsgebiet mit einer Nord-Süd-Ausdehnung über annähernd 70 Breitengrade und einer Höhenamplitude von 0 bis 8000 m ü. M. lässt sich ableiten, dass der Kolkrabe mit unterschiedlichsten klimatischen Bedingungen zurechtkommt und allwettertauglich ist. Auch bei stärkeren Niederschlägen, speziell bei Schneefall, sind die Vögel aktiv. Bei heftigem Wind und selbst Sturm, der sie rasch und mühelos hochsteigen lässt, erreichen Kolkraben sogar ihre fliegerische Höchstform: Das Paar Pignai hat bei solchen Verhältnissen häufig wilde Kapriolen gezeigt und in besonderen Flugsituationen die Flügel fast minutenlang teilweise oder ganz an den Körper angelegt. Ähnliches gilt für den Bartgeier und den Steinadler, die aber wegen ihres bedeutend größeren Gewichts nicht dieselbe fliegerische Virtuosität an den Tag legen können wie der Kolkrabe. Dieser nutzt zwar ebenfalls gerne thermische Aufwinde, ist indes weit weniger von ihnen abhängig als die beiden genannten Großvögel. So können Kolkraben an kalten, ruhigen Wintermorgen bereits kurz nach Tagesanbruch im Ruderflug unterwegs sein, lange vor Bartgeiern und Steinadlern.

Als stets flugbereite, hervorragende Flieger mit bemerkenswertem Sehvermögen und hoher Aufmerksamkeit haben Kolkraben räumliche Übersicht. Dies bedeutet aber auch, dass ihr Lebensraum eine großräumige Kontrolle zulassen muss. Diese Anforderung ist nicht nur in den gänzlich offenen arktischen, alpinen und trockenen Gebieten erfüllt, sondern ebenso in einer Vielzahl halboffener Landschaften, beispielsweise in Nadelwäldern oder im Mosaik von dichteren Gehölzen und offenen Flächen vorab in der Kulturlandschaft sowie im Bereich von Wasserflächen und Feuchtgebieten. Die Nähe zu Menschen wird grundsätzlich nicht oder jedenfalls nicht stets gemieden, zu attraktiv sind die anthropogenen Nahrungsangebote. Brutplätze erfordern gewisse Vertikalstrukturen. Horste werden in Felsen errichtet, sofern solche vorhanden sind. Sonst dienen Bäume, in Einzelfällen auch Gebäulichkeiten einschließlich Brücken und Leitungsmasten als Brutstandorte. In den Alpen finden sich die Nester meistens in Felswänden an nur schwer zugänglichen Stellen mit gutem Schutz vor der Witterung, also zum Beispiel in Nischen oder höhlenartigen Vertiefungen. Wenn möglich wird vermieden, dass der Horst von nahe gelegenen Standorten aus eingesehen werden kann. Favorisierte Plätze werden im Wechsel mit anderen Horsten manchmal über Jahrzehnte immer wieder benutzt.

Existenzgrenzen gibt es für den Kolkraben in erster Linie im Süden: In den dichten zusammenhängenden Laubwäldern der Tropen findet er keinen Platz mehr, ebenso wenig wie in weitgehend unproduktiven Wüstengebieten. Limitierend ist auch die Konkurrenz mit anderen, zum Teil nahe verwandten Arten, die besser an die hier herrschenden Bedingungen angepasst sind. Beispiele sind der Wüstenrabe *Corvus ruficollis* im Wüstengürtel von der Sahara bis Zentralasien oder die Dickschnabelkrähe zusammen mit dem Schneegeier im Himalaja.

Bestandsentwicklung

In der zweiten Hälfte des 19. und in der ersten Hälfte des 20. Jahrhunderts büßte der Kolkrabe große Teile seines Verbreitungsgebietes in Mittel- und Westeuropa sowie im Osten der USA ein. In Mitteleuropa ohne die östlichsten Gebiete – wo Anschluss an das in Osteuropa stets weitflächige Vorkommen bestand – konnten sich Restpopulationen einzig in Schleswig-Holstein und angrenzenden Gebieten sowie insbesondere im Alpenbogen halten. Zu den letzten Brutvorkommen im Schweizer Mittelland dürfte jenes im Lindental bei Bern gehört haben, wo der Kolkrabe nach Rolf Hauri bis in die 1860er-Jahre horstete. Im Jura war der Kolkrabe bis gegen Ende des 19. Jahrhunderts als Brutvogel präsent und verschwand dann vorübergehend. In den Alpen vermochte er sich verbreitet zu behaupten, war aber vielerorts selten. Ursachen der geringen Siedlungsdichte waren außer der damaligen Verfolgung die geringen Bestände wild lebender Huftiere und der sorgsame Umgang mit Nahrungsmittelabfällen in der zu jener Zeit ärmlichen, durch die Landwirtschaft geprägten Gesellschaft. Aas und Essensreste waren damals weit weniger vorhanden als heute.

Ab 1940 begann sich die Kolkrabenpopulation in den Alpen zu erholen: In den Kantonen Bern und Freiburg wurden in den 1940er-Jahren Kolkrabenbruten nahe am Alpenrand nachgewiesen, und ab 1950 fanden Fortpflanzungen an Molassefelsen im vorgelagerten Mittelland statt. In der Folge beschleunigte sich die Ausbreitung, wie auf einer Karte im «Brutvogelbuch» von Urs Glutz von Blotzheim von 1962 zu sehen ist: So gut wie alljährlich wurden neue Horste außerhalb des bisherigen Areals gefunden, ab etwa 1955 auch im Jura. Die Schweizer Brutvogelatlanten dokumentieren die weitere Entwicklung. In den 1970er-Jahren war unser Land mit Ausnahme von Lücken im Norden wiederbesiedelt, wobei diese bis etwa 2010 vollständig geschlossen wurden. Damit war der Kolkrabe gänzlich in die Kulturlandschaft und demzufolge in die Nähe zum Menschen zurückgekehrt. Im Jahr 1988 kam es sogar zu einer Brut mitten in der Stadt Bern: Damals beobachtete Rolf Hauri erstmals ein Kolkrabenpaar am Bundeshaus.

Eine Ursache für diese positive Entwicklung war die Abnahme der Verfolgung, die heute noch in einzelnen Kantonen in der ordentlichen Bejagung nachklingt. Mindestens ebenso bedeutsam war das gesteigerte Nahrungsangebot. Die markant angehobenen Bestände wild lebender Huftiere, in jüngerer Zeit begleitet vom Wiederauftreten von Großraubtieren, sowie die erhöhte Verfügbarkeit von Essensresten, vor allem in Berg- und generell in Tourismusregionen, haben die Lebensgrundlagen für den Kolkraben entscheidend verbessert. Dieser profitiert in Form von Aufbrüchen von der Huftierjagd und weiß neue Nahrungsquellen im Umfeld von Menschen umgehend zu nutzen. Dies zeigte sich beispielsweise 1935 im Wallis, als der renommierte Tiermaler und Naturkenner Robert Hainard am Bauplatz für das erste (später überstaute) Speicherbecken in der Val des Dix bis zu 15 Kolkraben beobachtete, die Küchenabfälle nutzten. Einer dieser Raben ist auf einer Bildtafel am Anfang von Ulrich Cortis Monografie über den «Alpenkolkraben» trefflich dargestellt.

Nach dem neuesten Schweizer Brutvogelatlas ist das Vorkommen des Kolkraben in höheren Lagen seit einigen Jahren tendenziell rückläufig. Als Ursachen dürften die geringere Wintersterblichkeit wild lebender Huftiere – bedingt durch die Klimaerwärmung und durch die rigorose Umsetzung regulatorischer Maßnahmen – sowie die Aufhebung von Müllkippen im Vordergrund stehen. Die neue Abfallpolitik könnte die Nahrungsversorgung gerade von selbstständigen Jungvögeln geschmälert und dadurch ihre Sterblichkeit erhöht haben. Dies ist allerdings zu akzeptieren, zumal unbegrenzte und ständige Nahrungsquellen, wie sie Mülldeponien bieten, in der Natur kaum vorkommen. Auch ohne Abfallstätten können Kolkraben bei uns gut leben. Sie müssen sich auf die verfügbaren Ressourcen einstellen; ihre Zahl wird sich entsprechend anpassen.

Aktueller Status

Die Rote Liste der Weltnaturschutzunion IUCN (International Union for Conservation of Nature) weist den Kolkraben grundsätzlich als «nicht gefährdet» aus. Dies gilt ebenfalls für die Schweiz mit ihrem nun wieder flächendeckenden Kolkrabenvorkommen. Die Resultate meiner Bestandserhebungen geben aber gleichwohl Anlass für kritische Betrachtungen: Wenn im mittleren Engadin und angrenzenden Geländeabschnitten auf

100 km^2 im Durchschnitt etwa zwei Kolkrabenpaare leben und dieses Gebiet laut Brutvogelatlas als besonders kolkrabenreich gilt, dann ist die nationale Bestandsschätzung der Vogelwarte von 2000–3000 Paaren auf der Landesfläche von 41'285 km^2 wohl zu hoch ausgefallen.

Der Vergleich mit dem Steinadler und dem Bartgeier verdeutlicht die dünne Besiedlung durch den Kolkraben zumindest im höher gelegenen Alpenraum: Gemäß der Überwachung durch David Jenny waren im Jahr 2020 auf meiner 780 km^2 großen Untersuchungsfläche 20 Adlerpaare und 8 Geierpaare ansässig; mit 14 etablierten Kolkrabenpaaren auf derselben Fläche lag der Bestand des Raben gerade dazwischen. Als Ergänzung zu diesem Befund unternahm ich im Juli 2020 eine zweiwöchige Weitwanderung von Zernez nach Zermatt und zählte die dabei beobachteten Großvögel: Auf der 370 km langen Strecke mit zehn alpinen Pässen notierte ich 35 Kolkraben, 20 Steinadler und 2 Bartgeier. Über die Hälfte der beobachteten Raben, 20 Individuen, gehörten zu einer Gruppe von Nichtbrütern, die im Talgrund des Goms (Kanton Wallis) von einem Grünabfallangebot profitierten. Diese Ergebnisse verdeutlichen einerseits die örtliche Konzentration von Nichtbrütern und andererseits die generell gesehen geringe Präsenz von Kolkraben in Hochlagen, die auch bei dieser Aufnahme unterhalb jener des Steinadlers lag.

Steinadler und Bartgeier sind überall streng geschützt, wogegen der Kolkrabe in der Schweiz noch immer jagdbar ist. Die Eidgenössische Jagdstatistik verzeichnet für 2020 im ganzen Land – in 15 der insgesamt 26 Kantone – 202 Abschüsse. In Graubünden wurden 2010–2019 im Jahresdurchschnitt 77 Kolkraben erlegt. Wird die Jungenproduktion auf meiner Untersuchungsfläche (780 km^2) in den Jahren 2015 und 2020 auf die ganze Kantonsfläche (7105 km^2) übertragen und mit der Jagdstrecke in Beziehung gebracht, dann ergibt sich rein rechnerisch, dass in Graubünden knapp die Hälfte des Zuwachses der Jagd zum Opfer fällt. Allerdings dürfte die Jungenproduktion der Kolkraben im gesamten Kanton Graubünden – wegen des höheren Anteils tiefer gelegener und somit produktiverer Talschaften und unter Berücksichtigung von hin und wieder auftretenden Fallwildwintern – etwas höher liegen als durch die Extrapolation ermittelt. Doch auch dann kommt man zum Fazit, dass die Bündner Jagd zu einem ungebührlichen Aderlass in der regionalen Kolkrabenpopulation führt. Zwar ist Zuzug und damit ein Ausgleich durch Kolkraben aus Nachbargebieten zu erwarten, doch ändert dies nichts am Befund, dass die gegenwärtige Kolkraben-Abschussrate in Graubünden kaum nachhaltig sein kann. Folglich widerspricht sie den für die dortige Jagd geltenden Grundsätzen. Diese werden ansonsten gut umgesetzt, beim wenig beachteten Kolkraben besteht indes Verbesserungspotenzial.

Zur Biologie und speziell zur Populationsdynamik des Kolkraben gibt es viele offene Fragen. Grundlegende Informationen zu seinen ökologischen Wirkungen und zu seiner Demografie fehlen uns weitgehend. Immer wieder wird erzählt, dass Kolkraben sehr alt werden können. Das nachgewiesene Höchstalter eines frei lebenden Kolkraben beträgt 23 Jahre. Über die mittlere Lebenserwartung als viel wichtigere Größe ist bei uns jedoch fast nichts bekannt. Diese und andere Informationen wären aber wichtig, um das Populationsgeschehen zu verstehen. Eigentlich werden fundierte ökologische Grundlagen heute als Bedingung für menschliche Interventionen vorausgesetzt. Dies muss auch für Kolkraben und andere Rabenvögel gelten.

Links Ein Kolkrabe und der von einem Nebelschleier umhüllte, ein Kreuz tragende Gipfel des Piz Alpetta (2979 m ü. M.), Valsot. 22. Januar 2021.

Rechts Ein Kolkrabe in seinem alpinen Lebensraum; hinten erhebt sich der Piz Quattervals (3165 m ü. M.). 4. November 2019.

Links An der Pazifikküste in Kalifornien. Point Reyes National Seashore, 10. Mai 2019.

Rechts Auf 3850 m ü. M. im Himalaja, mit Gebetsfahnen. Langtang, Nepal, 17. April 2022.

Der größte unter den schwarzen Riesen: ein Kolkrabe auf dem Dach der Welt. Langtang, Nepal, 17. April 2022.

Links Kolkraben fliegen hinauf bis zu den Gipfelregionen, selbst im Winter. Val dal Spöl, 18. November 2019.

Rechts Bei hoher Schneedecke. Val Tuoi, 17. Februar 2019.

Links Bei Schneefall in sich versunken. Val dal Spöl, 4. Februar 2020.

Rechts Bei Schneefall aktiv. Val dal Spöl, 2. Januar 2019.

Links Kolkraben sind wetterfest und auch im Schneetreiben und bei Nebel unterwegs. Spissertal, 5. März 2021.

Rechts Auf gemeinsamer Warte bei intensivem Schneefall. Val dal Spöl, 17. November 2019.

Links Ein Kolkrabe im rauen Wind. Munt Baselgia, 7. Oktober 2020.

Rechts Flug während eines Schneesturms auf 3450 m ü. M. Testa Grigia, 19. Februar 2020.

Links Über der Engadiner Kulturlandschaft bei Zernez. 2. September 2020.

Rechts Im Hochgebirge aus kristallinem Gestein, mit Gletschern des Piz Sarsura (3175 m ü. M.) im Bildhintergrund. 2. September 2020.

Links Nicht ohne Risiko: Kolkrabenhorst – mit huderndem Altvogel – an glatter Felswand. Clemgiaschlucht, Scuol, 5. Mai 2020.

Rechts Derselbe Horst vier Wochen später: Mit dem Nest sind zwei Nestlinge tödlich abgestürzt. 2. Juni 2020.

Links Verkehrsopfer und Unfälle an technischen Einrichtungen sind beim Kolkraben äußerst selten. Suonenjoki, Finnland, 21. August 2021.

Rechts, oben und unten Auf der Bündner Jagd wurden 2020 insgesamt 81 Kolkraben erlegt, 2 davon sind hier abgebildet. Trimmis, 4. Oktober 2020.

Zwischenartliche Beziehungen

Kolkraben und Menschen

Die enorme Anpassungsfähigkeit des Kolkraben beruht auf seiner Lebensweise als opportunistischer Generalist, auf seinen kognitiven Fähigkeiten und der damit verbundenen Flexibilität im Verhalten. Sie manifestiert sich nicht nur räumlich im riesigen Verbreitungsgebiet, sondern auch zeitlich in seiner langen Beziehungsgeschichte zum Menschen. Kolkraben waren seit je Kommensalen (Tischgenossen) des Menschen und zeigen manche Eigenschaften, die wir bei uns selbst wiedererkennen; *Homo sapiens* war ja seinerseits ursprünglich opportunistischer Jäger und Sammler.

Ein vielfach dargestelltes Motiv aus den ungefähr 20'000 Jahre alten Höhlenmalereien von Lascaux im Südwesten Frankreichs könnte einen Kolkraben zeigen und somit dessen älteste bekannte Abbildung sein. Die 2019 in «Geo Epoche» abgebildete Komposition umfasst einen Wisent mit offensichtlich heraushängenden Gedärmen einschließlich einem Speer, eine am Boden liegende menschenähnliche Gestalt mit Vogelgesicht und auf einer Warte daneben einen großen Vogel, in welchem verschiedene Autoren, darunter Gabriele Droege und Till Töpfer, einen Raben sehen. Die Interpretation der Darstellung ist spekulativ: Eine Jagdszene erscheint naheliegend, doch wird auch die Illustration einer kultischen Zeremonie in Betracht gezogen. Die mit Nahrung assoziierte Beziehung zwischen mächtigem Wildtier, Mensch und rabenartigem Vogel kann aber kaum in Abrede gestellt werden.

Indigene Völker Nordamerikas haben eine sprichwörtliche Nähe zur Natur und berichten in ihrer stets mündlichen Überlieferung von einer Kooperation zwischen Wölfen und Raben (Doreen Spence alias Bald Eagle Woman Who Leads, Video vom 17.07.2020 von Berkley Brady im Auftrag von Schweizer Radio und Fernsehen SRF). Wenn wir uns diese zwischenartliche Allianz vor Augen halten, darf davon ausgegangen werden, dass in Urzeiten auch in Europa Kolkraben, Wölfe und ebenso Menschen in einem gegenseitig vorteilhaften und deshalb respektvollen Verhältnis zueinander gestanden haben. Man kann erwarten, dass der Wolf als einflussreichster einheimischer Beutegreifer die damaligen Jäger beeindruckt und angeregt hat. Wolfsrisse und deren frische Überreste boten den Menschen attraktive weil energiereiche Nahrung. Kolkraben zeigten solche und andere Kadaver an. Mehr noch, sie waren wohl oft Begleiter von Wölfen und von Menschen, haben vielleicht sogar auf Jagdchancen aufmerksam gemacht. Man muss sich dieses Miteinander als symbiotische Beziehung vorstellen, denn von eventuellen Beuten fällt stets etwas für die Schwarzfräcke ab. Selbst wenn es nur um Funde von Kadavern ging: Kolkraben profitieren vom Eröffnen des Tierkörpers durch kräftigere Konsumenten.

Das Bild, das sich die Menschen von den Kolkraben machten, dürfte sich im Zuge der Sesshaftwerdung der meisten Menschen, nach dem Ende der letzten Eiszeit vor etwa 12'000 Jahren, gewandelt haben. Die neolithische Revolution ist einer der markantesten Einschnitte in der Kulturgeschichte, jedenfalls in Europa. Der durch zugewanderte Siedler initiierte Wechsel vom Jäger zum Bauern hat die Voraussetzungen für das Verhältnis des Menschen zum Kolkraben und anderen Wildtieren wie dem Wolf grundsätzlich verändert. Die Menschen waren mit der Landnahme und der Entwicklung der Landwirtschaft nicht mehr Teil des natürlichen ökologischen Systems, sondern sie schufen sich ihren Lebensraum selbst und grenzten sich dadurch ab und aus. Mit weitreichenden Folgen: landwirtschaftliche Pflegeleistungen einschließlich der Abwehr konkurrierender Tiere, Probleme mit Monokulturen und Abfällen, Missernten und Epidemien. Und dies alles verbunden mit einer markanten Zunahme der Bevölkerung, grassierender Ungleichheit, verstärkter Migration und entsprechend häufigeren Auseinandersetzungen bis hin zu Kriegen und Völkermord. Aufgrund der gewandelten Ausgangslage gestaltete sich das Verhältnis des Menschen zum Kolkraben und zu weiteren Wildtierarten fortan ganz anders. Er war nun nicht mehr der vertraute Rufer in der Wildnis, sondern er trat überall dort auf, wo sich der zunehmend tabuisierte Tod manifestierte: Bei totem, allenfalls durch Wölfe oder andere Raubtiere gerissenem Vieh, an Schindangern, Richtstätten und Kriegsschauplätzen. Wenn sich Kolkraben an menschlichen Leichen zu schaffen machten, wirkte dies besonders stigmatisierend. Wo energiereiche pflanzliche Produkte angebaut wurden, konnte der Kolkrabe von landwirtschaftlichen Kulturen profitieren, trat dort aber unter Umständen als ungeliebter Konkurrent auf. Den Leuten fehlte die integrale (Selbst-)Erfahrung mit der Natur immer mehr, das Auftreten des großen schwarzen Vogels wurde fehlinterpretiert, und er galt daraufhin vielerorts als Schädling oder gar als Todbringer und Galgenvogel.

Mit der weiteren Bevölkerungszunahme, den damit verbundenen Hygieneproblemen und durch die zunehmende Mobilität und Handelsaktivität der Menschen im Verlauf des zweiten Jahrtausends unserer Zeitrechnung wurde das Bild des Kolkraben erst recht negativ besetzt. Seuchen, allen voran die Pest, sowie Kriegszüge mit Schlachten führten zu Massen von Todesopfern, deren ordentliche Bestattung nicht mehr immer und überall gewährleistet war. Rabenvögel wurden dadurch angezogen, was bei den Menschen zu finsteren Vorurteilen führte, verknüpft mit dem Image des Kolkraben als Totenvogel. Zugleich wuchsen die technischen Möglichkeiten, ungeliebten Wildtieren zu Leibe zu rücken. Der Kolkrabe wurde – ebenso wie andere Tiere mit starkem Schnabel oder scharfen Zähnen – mit allen Mitteln verfolgt. Die Verbesserung sowie die zunehmende Verbreitung von Schusswaffen und vor allem das Auslegen von Gift hatten drastische Auswirkungen auf die ins Visier genommenen sogenannt schädlichen Wildtierarten.

Raubtiere und Raben galten immerhin als etwas Spezielles, und manche von ihnen haben Spuren in Form von Flurnamen hinterlassen: Beispiele sind Falla da l'Uors (Bärenfalle) bei Zernez, Wolfsgruoba (Wolfsgrube) bei Davos, Rappatobel (Rabentobel) bei Thusis, Rappenstein und Rappenwand (Rabenfels) bei Untervaz bzw. Serfaus sowie die Berggipfel Rappakopf und Rabenkopf im Gebiet Schamserberg bzw. bei Mals. Die Namensgebung des Piz Corvatsch (ein Berg im Oberengadin) wird naheliegend von rätoromanisch «corv grond» (Kolkrabe) abgeleitet, doch ist diese Deutung nach Andrea Schorta nicht gesichert. Die Nachsilbe «atsch» ist ein vergrößerndes Suffix, notabene mit abwertendem Beiklang.

In Kreisen der Landwirtschaft dauern Diskussionen bis heute an, vorab bei Schafhaltern. Dass Kolkraben neugeborenes Vieh töten, kann zwar vorkommen, ist jedoch sehr selten. Bei genauer untersuchten Fällen wurde deutlich, dass die Raben nahezu ausschließlich tote oder sterbende, jedenfalls immobile Lämmer angingen. Gruppen von Nichtbrütern können allerdings Weidetiere belästigen und konkret Schafherden in Bewegung bringen.

Die ursprüngliche enge Beziehung des Menschen zum Kolkraben und anderen Wildtieren ist wohl unwiederbringlich verloren, doch gibt es heutzutage in unserer Gesellschaft versöhnliche Signale und unterstützende Taten bezüglich einer positiven Einstellung zu Rabenvögeln und anderen oft gering geschätzten oder gar gehassten Lebewesen. Der Umgang mit Kolkraben, Wölfen und weiteren Vertretern dieser Reihe stellt unser Naturverständnis auf den Prüfstand. Diese und andere charismatische Wildtiere sind als sogenannte Flaggschiff-Arten Symbole für intakte Natur. Als solche könnten sie eine Rolle spielen, wenn es darum geht, dass wir Menschen wieder stärker im Einklang mit der Natur leben und uns so eine nachhaltige Existenz auf diesem Planeten sichern.

Zur Kulturgeschichte

Kolkraben haben die Gefühle mancher Menschen seit Urzeiten geweckt. Durch die Kombination von schwarzem Gefieder und ansehnlicher Größe, durch die virtuosen Flüge, gepaart mit Ruffreudigkeit, breitem Stimminventar einschließlich der Fähigkeit des Nachahmens artfremder Laute sowie durch die offenkundigen kognitiven Leistungen haben Kolkraben kulturelle Bedeutung erlangt. Sie werden aber ganz unterschiedlich gesehen, variierend zwischen Totenvogel und Totemvogel.

Indigene Völker mit engem Naturbezug bringen dem Kolkraben, seinen kleineren Verwandten, den Krähen, sowie dem Wolf seit Urzeiten Ehrerbietung entgegen – so beispielsweise ursprüngliche Gesellschaften an der Nordwestküste Nordamerikas. Dies darf als Überbleibsel der ehemals tragenden Beziehungen aufgefasst werden. Wie Maria Becker vermerkte, spielt der Rabe Yehl im animistischen Weltbild der Tlingit und anderer Native Americans/First Nations sogar die Rolle des Weltenschöpfers, dessen noch heute Schamanen mit eindrücklichen Rabenmasken gedenken. In der nordeuropäischen Mythologie sind Hugin und Munin, die beiden Raben des Gottes Odin, bekannte Figuren. Sie stehen für «Gedanke» und «Gedächtnis» und waren Götterboten: Sie wurden als Späher ausgeschickt und berichteten später von ihren Feststellungen. Heute prägen die beiden Vögel das Logo der Universität Tromsø.

Achtung und Faszination gegenüber Raben sind in Spuren auch bei uns zu finden: So bilden zwei synchron übereinander fliegende Raben das Wappen von Einsiedeln, des größten Wallfahrtsortes der Schweiz. Die Darstellung geht auf den heiligen Meinrad zurück, der im Jahr 861 in seiner Einsiedelei – am Ort des späteren Benediktinerklosters – von zwei Räubern erschlagen wurde. Zwei Raben, die mit Meinrad vertraut waren, sollen die Täter bis nach Zürich verfolgt haben, wo letztere gefasst, verurteilt und hingerichtet wurden. Meinrad («Meginrat») bedeutet übrigens «großer Ratgeber». Es ist wohl kein Zufall, dass ausgerechnet Raben mit ihm in Verbindung standen. Da drängt sich ein Vergleich zu Odin und seinen beiden Raben auf, ebenso wie zu anderen Rabensagen sowie zu Textstellen in der Bibel und anderen fundamentalen antiken Schriften. So ließ Noah von seiner gestrandeten Arche zuerst einen Raben ausfliegen, und ein ähnlicher Erkundungsflug eines Raben im Rahmen der Sintflut-Geschichte wird vorbiblisch bereits im mesopotamischen Gilgamesch-Epos beschrieben. Die Natur des Kolkraben, seine schwarze Gestalt, die Lebensweise mit den hohen fliegerischen Fähigkeiten und die früh erkannte, beispielsweise schon durch Conrad Gessner in seinem Vogelbuch von 1557 überlieferte Intelligenz haben seit je inspiriert, wie erwähnt nicht selten aber auch irritiert.

Selbst in der Weltliteratur spielen Raben(vögel) ihre Rollen: bei Edgar Allan Poe (The raven, 1845), Wilhelm Busch (Hans Huckebein, der Unglücksrabe, 1867) oder bei Luigi Pirandello (Il corvo di Mìzzaro, 1919). Der Rabe tritt auch in Fabeln und anderen Erzählungen auf, wo er als schlauer Zeitgenosse gilt. In einer Äsop, dem bekannten Dichter des Altertums, zugeschriebenen Fabel wird der Rabe mit einem Stück Käse im Schnabel vom schmeichelnden Fuchs allerdings übertölpelt und verliert die Beute an seinen Kontrahenten. Unter dem Titel «Der Rabe und der Fuchs» hat Gotthold Ephraim Lessing im 18. Jahrhundert die Fabel abgewandelt, den Nahrungsbrocken als vergiftet beschrieben und so die Schmeicheleien des Fuchses nicht belohnt, sondern bestraft. Mit der Folge, dass es nun der Rabe ist, der als besonders schlau und durchtrieben dasteht. In diesem Zusammenhang ist auf die verbreitete Mystifizierung des Kolkraben hinzuweisen. Diesem wurde und wird eine magische Strahlkraft zugeschrieben, die nebst der geistigen Regsamkeit in erster Linie auf der schwarzen Gestalt und der Beziehung zu Aas – das heißt zum Tod – beruht. So wurden die schwarzen Vögel zu einem Symbol für Unheil und Verderben, zu schaurigen Figuren in Gruselszenen. Die Reihe der negativen Äußerungen beginnt schon mit dem Kniereitvers «Hoppe hoppe Reiter, wenn er fällt, dann schreit er. Fällt er in den Graben, fressen ihn die Raben.» In der bildenden Kunst sind Rabenvögel nicht selten Begleitmotive in Darstellungen mit düsterem Inhalt. Ebenso wie in der Literatur – und früher generell – wurde jedoch nicht stets zwischen Kolkraben und Rabenkrähen unterschieden, so zum Beispiel bei Vincent van Goghs Gemälde «Weizenfeld mit Raben» oder zutreffender «Kornfeld mit Krähen», gemalt kurz vor dem tragischen Tod des Ausnahmekünstlers 1890. Der Kolkrabe und seine Verwandten sind also auf kultureller Ebene immer wieder ein Thema. Und dies aus guten Gründen, wie das nachfolgende Kapitel zu den kognitiven Fähigkeiten zeigt.

Interaktionen mit anderen Tierarten

Im Vergleich zu den Beziehungen des Raben zum (modernen) Menschen reichen jene zum Wolf und zu anderen großen Karnivoren (Fleischfresser) viel länger zurück. Bei gerissenen oder anderweitig zu Tode gekommenen Großtieren kann es zu zwischenartlicher Konkurrenz kommen, wobei sich Kolkraben trotz der Anwesenheit der viel wehrhafteren Gegenspieler oft nahe heranwagen und von der Peripherie her Nahrung ergattern. Beobachtungsgelegenheiten von Großraubtieren waren bisher bei uns zu rar, um über Interaktionen mit Kolkraben berichten zu können. Eine Überraschung erlebte ich bei einem Rotfuchs, der sich einem Nahrungsplatz mit mehreren Kolkraben näherte, dann aber dreimal durch je einen Raben von hinten angeflogen und so in die Flucht geschlagen wurde. Konfrontationen zwischen Kolkraben und anderen Tieren beziehen sich auf eine ganze Reihe von Arten, am häufigsten Vögel von der Alpendohle bis zum Bartgeier, wobei die Häufigkeit und Intensität der Auseinandersetzungen variiert. Bei uns agieren und reagieren Kolkraben besonders aggressiv gegenüber Steinadlern, Bartgeiern, Habichten sowie Uhus, und dies erst recht im eigenen Horstbereich. Dieses Verhalten wird als Hassen oder Mobbing bezeichnet und äußert sich gegenüber den Störenfrieden in Verfolgungsflügen mit gegebenenfalls sturzflugartigen (Schein-)Angriffen bis hin zum Körperkontakt, lauthals begleitet von Rufen. Sitzende Greifvögel werden durch pendelartige Attacken fliegender Kolkraben bedrängt, oftmals von den beiden Partnern eines Paares alternierend. Bei Uhus im Tageseinstand oder am Brutplatz setzen sich Kolkraben in wenigen Metern Entfernung hin und vollführen unter Positionswechseln oft ein anhaltendes Geschrei. In all diesen Fällen zählen sie darauf, dass sie bedeutend wendiger sind als die genannten Karnivoren.

Steinadler werden ganzjährig primär von revierhaltenden Kolkraben unter Äußerung von Feindrufen («gráák-gráák-gráák») sichtlich erregt angeflogen, attackiert und wenn möglich verjagt. Die Reaktion erfolgt umgehend, sofern die Raben eine Chance haben, zum Adler aufzuschließen; hoch überfliegende Adler bleiben oft unbehelligt. Da sich etablierte Brutpaare beider Arten gegenseitig kennen, kommt es eher selten zu Auseinandersetzungen zwischen diesen Vögeln. Die meisten Angriffe betreffen unerfahrene und insbesondere ortsunkundige, weit umherstreifende Jungadler. Des Weiteren wurde beobachtet, dass Kolkraben nicht nur eigene Horste wieder abgeräumt haben, sondern auch solche des Steinadlers. Die aus Knüppeln und Ästen bestehenden, oft sehr großen Adlerhorste substanziell zu verkleinern, ist mit einem erheblichen Aufwand verbunden. Die Motivation für solche Handlungen ist unklar, zumal es in verschiedenen Fällen nicht um die Sicherung eines eigenen benachbarten Brutplatzes ging.

Ich habe mich oft nach dem Sinn des Mobbings gefragt, denn ein Nutzen gegenüber den hinsichtlich Körperkraft überlegenen Kontrahenten war kaum jemals ersichtlich. Ist es spielerisches Verhalten, das allerdings auch dem Training und der Steigerung des Erfahrungsschatzes dient? Kolkraben sind an Kadavern oft mit großen Karnivoren zusammen und müssen sich in Acht nehmen. Bernd Heinrich schreibt dazu: «Ein Vogel, den die Evolution an ein Leben mit Wölfen, Menschen und vielen anderen Fleischfressern angepasst hat, hat vieles zu fürchten.» Also müssen die Raben die Lage bezüglich der potenziell gefährlichen Tischgenossen richtig einschätzen, und dies verlangt nicht nur nach den dafür notwendigen kognitiven Anlagen, sondern ebenso nach Übung, insbesondere beim dosierten Ausloten des Risikos. Eine gewisse Unsicherheit bleibt bestehen, denn in seltenen Fällen können die Begegnungen gerade mit Steinadlern für Kolkraben fatal enden.

Kolkraben haben mit der Wiederansiedlung des Bartgeiers im Engadin enge Beziehungen zu diesem größten einheimischen Vogel entwickelt. Dabei sind die Raben gegenüber den vergleichsweise bedächtigen Bartgeiern besonders furchtlos, greifen aber längst nicht immer an. Streitigkeiten sind unausweichlich, wenn beide Arten gleichzeitig im selben Felsbereich brüten oder Anstalten dazu machen. Unter diesen Voraussetzungen kommt es ständig zu Interaktionen, zuweilen auch von den Bartgeiern ausgehend: Im Raum Falcun im Spöltal bei Zernez brüteten das dortige Bartgeierpaar und das Kolkrabenpaar Pignai im Jahr 2019 in einem Abstand von rund 70 m, und zwar beide erfolgreich. Die Raben reagierten während ihrer Bebrütungs- und Nestlingszeit aggressiv auf die Bartgeier: Bei deren An- und Abflügen vom Horst flogen die Raben mit lautem Geschrei, vorab Feindrufen, heran und belästigten die Geier im Flug und gelegentlich auch auf Warten im Bereich der Brutfelsen. Sogar das brütende Kolkrabenweibchen verließ oft für einige Minuten das Nest, um sich an solchen Aktionen zu beteiligen. Hin und wieder wagen sich Kolkraben bis an den Bartgeierhorst heran. Im Ofenpassgebiet konnte ich 2018 beobachten, wie Raben Nistmaterial von einem Bartgeierhorst entwendet haben, um in einem für die großen Geier unerreichbaren Felsspalt etwa 7 m nebenan selbst ein Nest zu erstellen, ohne aber in jenem Jahr eine Brut zu zeitigen. Wohl als Folge der häufigen Auseinandersetzungen mit den Kolkraben haben die Bartgeier damals ihre Bebrütung abgebrochen. Brutnachbarschaft zwischen Bartgeier und Kolkrabe ist im Engadin nicht selten: Im Rahmen meiner Bestandsaufnahme der Kolkrabenpaare im mittleren Engadin 2020 zeigte sich, dass von den 14 Rabenpaaren vier in einem Umkreis von maximal 100 m um einen besetzten Bartgeierhorst brüteten. Damit waren Kolkraben bei der Hälfte der Bartgeierpaare enge Nachbarn im Horstbereich. Das kann kein Zufall sein. Die Nähe zum Bartgeierhorst bringt den Raben Vorteile, da sie dort Futter oder dessen Überreste stibitzen können.

Bartgeier dürfen das Gelege oder kleine Nestlinge nie unbeaufsichtigt lassen. Was sonst geschehen kann, zeigte sich 2018 im oberen Spöltal, als dort ein Bartgeierweibchen allein brütete. Dieser Vogel war gemäß David Jenny zu jener Zeit Teil eines Trios mit zwei Weibchen, wobei sich das Männchen 2018 mit dem Weibchen von Falcun näher einließ und in jenem Jahr (und ebenso in Folgejahren) mit diesem zusammen erfolgreich einen Jungvogel großzog. Das allein gelassene Weibchen weiter flussaufwärts verließ den Horst einige wenige Male am Tag für eine halbe Stunde und länger. Diese Gelegenheit nutzte am 25. Februar ein Kolkrabenpaar, um auf die Horstplattform zu fliegen, wobei einer der Raben anschließend ein Bartgeierei davontrug, das er auf dem Schnabel aufgespießt hatte! Ich wurde Zeuge dieser einzigartigen Szene, denn ich hatte mich in 300 m Abstand unten im Tal mit der Kamera samt Teleobjektiv postiert, um das solitäre Brüten fotografisch zu belegen und brauchte anlässlich des Eierraubs bloß anhaltend auf den Auslöser zu drücken. Nach diesem Ereignis wurde die Bartgeierbrut aufgegeben, wobei offen bleiben muss, ob das Gelege nur aus dem einen entwendeten Ei bestanden hat. Unter den gegebenen Umständen schien es allerdings unwahrscheinlich bis ausgeschlossen, dass die Brut hätte erfolgreich verlaufen können, auch ohne die Intervention der Kolkraben.

Gleichwohl sind Kolkraben als Nesträuber ernst zu nehmen: Am 24. April 2015 entdeckte ich im Unterengadin aufgrund von Hassreaktionen eines Rabenpaares einen brütenden Uhu. Ständig lärmend nahmen die beiden Schwarzfräcke auf dem Horstsims Position ein und bedrängten die Großeule gleichzeitig von beiden Seiten aus einer Distanz von einem halben Meter. Einmal wagte einer der Raben sogar einen Flattersprung zum Uhu und berührte dessen Gefieder. Schnabelhiebe des Uhus liefen ins Leere, da die Raben geschickt auswichen. Deren Hauptaktivität bestand darin, mit dem Schnabel Lockermaterial vom weicherdigen Horstsims über den Abgrund hinauszubefördern. Einige Male flog ein Kolkrabe zur rückwärtigen, bröckeligen Felswand rund einen Meter über dem nicht durch einen Überhang geschützten Brutplatz, um von dort feines Gesteinsmaterial auf den Rücken des Uhus niedergehen zu lassen. Trotz dieses Mobbings blieb der Uhu – notabene mit aufgeplustertem Gefieder – stets in Bebrütungsstellung an Ort und Stelle. Das Kolkrabenpaar zog nach einer Viertelstunde ab. Die Uhubrut verlief dann aber erfolglos. Ob es den Raben später doch noch gelungen ist, Eier oder kleine Nestlinge zu rauben?

Zwischen Kolkraben und Menschen gibt es trotz ihrer Verschiedenheiten bemerkenswerte Parallelen. San Francisco, 8. Mai 2019.

Links Ein Wolf an der finnisch-russischen Grenze, von einem dauerhaft eingerichteten Fotoansitz aus aufgenommen. Kainuu, 22. August 2021.

Rechts Kolkraben und Wölfe sind Teil einer Lebensgemeinschaft, in der man gewinnen, aber auch verlieren kann. Kainuu, Finnland, 22. August 2021.

Links Im borealen Nadelwald: Unter Kolkraben und großen Karnivoren beäugen sich alle gegenseitig. Kainuu, Finnland, 23. August 2021.

Rechts Ein hell gefärbter Wolf rennt los: Bei einem erfolgreichen Angriff auf ein Beutetier wird es für Kolkraben interessant. Kainuu, Finnland, 25. August 2021.

Links Das erneute Auftreten des Wolfs bei uns löst Konflikte aus, die an jene mit anderen Karnivoren erinnern. Munt Chavagl, 29. Juli 2021.

Rechts Plakat «Wolf muss zurück» mit Kolkrabe im Überflug – die Landwirtschaft hat Natur und Mensch verändert. Spissertal, 3. November 2020.

Links Piz Corvatsch (3451 m ü. M.), dessen Name wohl auf den Kolkraben zurückgeht, von Nordosten. 30. September 2021.

Rechts Ein Kolkrabe im Gegenwind, zuoberst auf einer Gipfelmarkierung aus Steinen. Munt Baselgia, 8. November 2015.

Links Kolkraben kontrollieren häufig begangene Bergrouten, da dort immer wieder Proviantabfälle zu finden sind. Munt Baselgia, 26. August 2020.

Rechts Ein diesjähriger Kolkrabe, der das Kerngehäuse eines Apfels gefunden hat. Munt Baselgia, 29. August 2015.

Links Ein Kolkrabe in starker Schwanzmauser nahe eines Landwirtschaftsbetriebs, wo bisweilen Nahrung anfällt. Alp Buffalora, 17. Juni 2017.

Rechts Kolkraben profitieren von Viehabgängen: das Hinterteil einer toten Kuh mit Kotspur des Kolkraben. Trafoiertal, 16. September 2019.

Links Ein Kolkrabe landet auf einem toten Lamm des Weißen Alpenschafs. Vinadi, 23. November 2020.

Rechts Ein diesjähriger Steinadler gleichentags am selben Schafkadaver. Als Jungvögel sind Adler ähnlich abhängig von Aas wie Kolkraben.

Links Kolkraben und die Schafhaltung: oft diskutiert, jedoch in den wenigsten Fällen mit Schadensbelegen. Spissertal, 13. November 2020.

Rechts Ein Kolkrabe fliegt auf den Rücken eines Schafs, spielerisch und wohl gleichzeitig als Beziehungstraining. Spissertal, 17. November 2020.

Links Die Jagd auf Gämsen oder anderes Wild führt zu Aufbrüchen und damit zu Nahrung für Aasverwerter. Munt Baselgia, 8. September 2020.

Rechts Fleischtransport: Typisch dabei ist der raumgreifende Ruderflug mit raschen, eher flachen Flügelschlägen. Spissertal, 30. Oktober 2020.

Links, oben und unten Steinbock und Steinbockjäger mit Beute, nach deren Abtransport Paar Pignai umgehend anflog. Munt Baselgia, 7. Oktober 2019.

Rechts Kolkraben nehmen gerne Aufbrüche an, sind aber generell am Aas ausgesprochen misstrauisch. Val dal Spöl, 11. November 2019.

Links Ein Kolkrabe saust mit angewinkelten Flügeln heran. Val dal Spöl, 5. Januar 2019.

Rechts Steinadler werden wenn möglich attackiert; unerfahrene Jungvögel wie hier trifft es besonders häufig. Val dal Spöl, 25. Dezember 2019.

Ein jüngerer Steinadler fliegt zu einem Stück Aas, wo er sich gegenüber den dort anwesenden Kolkraben durchsetzt.
Spissertal, 11. Februar 2022.

Links Sitzend auf Warten werden Bartgeier nur gelegentlich von Kolkraben angegriffen. Val dal Spöl, 15. Dezember 2020.

Rechts Gegenüber fliegenden Bartgeiern und besonders bei Brutnachbarschaft reagieren Kolkraben aber oft aggressiv. Val dal Spöl, 5. März 2019.

Links Brutplätze von Bartgeier und Kolkrabe; ein Horst des letzteren befindet sich im Felsspalt unten. Ofenpassgebiet, 6. September 2021.

Rechts Ein außergewöhnliches Dokument: Ein Kolkrabe raubt ein Ei des Bartgeiers aus dessen Horst. Val dal Spöl, 25. Februar 2018.

Kognitive Leistungen und evolutionärer Hintergrund

Kluge Vögel

Kolkraben sind helle Köpfe. Nebst Vertretern der Primaten, Wale und Papageien sowie anderen Rabenvogelarten gehören sie zweifellos zu den tierischen Genies. Kognitive Fähigkeiten sind eine wichtige Voraussetzung, um ihr Leben zu meistern. Die Vögel agieren und reagieren intelligent, das heißt nicht stereotyp, sondern je nach Situation flexibel. Sie sind bemerkenswert lernfähig und einfallsreich, sie übernehmen Verhaltensweisen anderer und kreieren neue Muster. Hugin und Munin sowie die beiden Raben von Meinrad stehen sinnbildlich dafür. Menschen mit engen und anhaltenden Verbindungen zur Natur, solche, die spüren, wie Lebewesen «funktionieren» und wie Beziehungen im Lebensraum wirken, haben Kolkraben stets als geistig besonders regsam empfunden. Die Übersicht, Findigkeit, Intelligenz dieser Vögel und ihre damit zusammenhängenden verblüffenden Fertigkeiten lassen sie als Persönlichkeiten erscheinen. Diese Wahrnehmung reicht in der Geschichte weit zurück und wird heute durch Befunde der modernen Forschung erhärtet und bedeutend erweitert. Bereits bei Beobachtungen bald flügger Jungraben am Horst wird deutlich, wie viel neugieriger und spielerischer sie veranlagt sind als etwa Greifvögel.

Die Evolution von Intelligenz ist ein vielschichtiges Thema, das für Diskussionen sorgt. Als eine der treibenden Kräfte für die Herausbildung intelligenten Verhaltens wird ein komplexes Sozialleben angesehen. Die mit dem Leben in der Gruppe oder in der Gesellschaft verbundenen Herausforderungen haben nicht nur bei Säugetieren und speziell beim Menschen zur Bildung leistungsfähiger Gehirne beigetragen, sondern auch bei Vögeln zu entsprechenden Anpassungen geführt. In der Vogelwelt sind kognitive Fähigkeiten – parallel zum hoch entwickelten Sozialverhalten – bei Papageien- und Rabenvögeln besonders ausgeprägt, und der Kolkrabe gilt zusammen mit verwandten Arten als Musterbeispiel für einen solchen evolutionären Weg. Rabenvögel werden manchmal als «gefiederte Menschenaffen» bezeichnet. Damit soll zum Ausdruck gebracht werden, dass sie über geistige Kapazitäten verfügen, die jenen unserer nächsten Verwandten kaum nachstehen. Ausgesprochen klug sind die Arten der Gattung *Corvus,* neben dem Kolkraben beispielsweise die Amerikanerkrähe *Corvus brachyrhynchos* und speziell die Geradschnabelkrähe *Corvus moneduloides* wegen ihres flexiblen Werkzeuggebrauchs.

Dass es der Kolkrabe in diese Liga geschafft hat, kommt nicht von ungefähr. Sein Sozialleben ist in zweierlei Hinsicht mit Herausforderungen verbunden: Nichtbrüter sind dem Leben in der Gruppe ausgesetzt, das sich durch die hohe Mobilität der Tiere und die damit verbundenen neuen Kontakte, aber auch durch wiederkehrende Begegnungen sehr vielfältig gestaltet. Bei Brutpaaren sind die sozialen Beziehungen übersichtlicher, doch ist das jahrelange partnerschaftliche Zusammenleben ebenfalls anspruchsvoll: Das gemeinsame Leben im Revier muss für beide Beteiligten vorteilhaft sein und bleiben.

Beziehungen untereinander

Das Gruppenleben nichtbrütender Kolkraben ist mit Chancen und Risiken verbunden, Lebensumstände, die von Bernd Heinrich und Thomas Bugnyar eingehend untersucht worden sind: Im Kollektiv werden größere Nahrungsquellen eher entdeckt, und anfänglich kann es sich aus Sicherheitsgründen lohnen, Artgenossen den Vortritt zu lassen. Dann aber wirkt umgehend innerartliche Konkurrenz. Kolkraben nutzen Nahrungsquellen nicht nur zur unmittelbaren Aufnahme von Fressbarem; bei größerem Angebot werden Nahrungsobjekte zur späteren Nutzung abtransportiert und versteckt. Solche Lager werden an verschiedenen Orten angelegt und können über mehrere Wochen Bestand haben, letzteres jedenfalls bei Brutvögeln: Das Paar Pignai nahm am 6. November 2019 Fleisch- und Fettstücke auf, die bei einem Jagdstand für die Passjagd ausgelegt worden waren. Der größte Teil der an jenem Tag verfügbaren Nahrung wurde nicht konsumiert, sondern in zahlreichen Nahrungsdepots versteckt. Diese wurden in der Umgebung im Schnee, auf Bäumen oder in der Krautschicht im Wald angelegt. Auf diese Weise konnten ein erheblicher Teil der vorhandenen Energie gesichert und der persönliche Profit gesteigert werden; Konkurrenten wurden so weitgehend ausgeschaltet. Mindestens eines der damals deponierten Fettstücke hat das Männchen am 28. Januar 2020 seinem Weibchen überbracht. Das Horten des hochwertigen Nahrungsobjekts über beinahe 12 Wochen ist bemerkenswert und der Zeitpunkt der Konsumation zu Beginn der Balzzeit möglicherweise nicht zufällig.

Das Anlegen von Nahrungsdepots durch Einzelvögel oder Paare sollte sich lohnen. Es besteht allerdings das Risiko, dass diese Vorräte durch fremde Artgenossen oder andere Tierarten geplündert werden. Nahrung anderer Vögel gewaltsam oder hinterrücks zu übernehmen, ist eine stete Option wohl aller Kolkraben in Nichtbrüterverbänden, doch haben die aktuell nahrungsbesitzenden Vögel Abwehrtaktiken dagegen entwickelt. Die Suche nach eigenen Vorteilen mündet in einem komplexen Stellungsspiel der Beteiligten, wobei diese in der Lage sind, sich in das Gegenüber und oftmals in den Kontrahenten hineinzuversetzen. So können Kolkraben Dinge vortäuschen, wenn sie sich beim Verstecken von Nahrung beobachtet fühlen: Dann tun sie nur so, als würden sie ein Depot anlegen, machen dies aber erst dann, wenn sie davon ausgehen können, dass kein Konkurrent zuschaut. Umgekehrt vermeiden es potenzielle Depotplünderer, ihr Interesse zu zeigen, denn dadurch würde die Aussicht auf Erfolg geschmälert.

Das erfolgreiche Leben in der Gruppe ist also mit anspruchsvollen Manövern und Gegenmanövern verbunden, wobei jedes Individuum herausfinden muss, welche Strategien geeignet sind und welche Taktiken in welchen Situationen erfolgversprechend erscheinen. Das verlangt nach einem leistungsfähigen Gehirn. Ohne hinreichende kognitive Kapazitäten ist die opportunistische Lebensweise von Kolkraben und ökologisch ähnlich ausgerichteter Lebewesen kaum vorstellbar. Gefragt ist somit Intelligenz, und diese beruht gemäß Nathan Emery auf Kompetenzen wie Kausaldenken, Flexibilität, Vorstellungskraft und der Fähigkeit zur Vorsorge. Dazu kommt – ähnlich wie beim Menschen – eine in der Regel ziemlich lange Lebensdauer, durch die entsprechend viele Lebenserfahrungen erworben und im Gedächtnis gespeichert werden können. Auf der Basis dieser Eigenschaften und Fertigkeiten gelang es dem Kolkraben als Allrounder mit hoher ökologischer Toleranz große Räume zu besiedeln – ebenso wie dem Menschen und einigen anderen Arten.

Gegenüber Veränderungen in der Umgebung und ungewohnten Ereignissen reagieren Kolkraben und andere kognitiv leistungsfähige Tiere sensibel und dynamisch. Der Umgang mit Neuheiten gilt neben den Herausforderungen des komplexen Soziallebens als evolutionärer Treiber. Neue Lebensumstände erfordern und fördern Anpassungen, zum Beispiel flexibles, individuelles Verhalten, das durch geistige Beweglichkeit forciert wird. Sobald etwas anders ist als üblich, nehmen Kolkraben dies aufmerksam wahr, betrachten die Situation generell kritisch, oftmals sogar mit Furcht, verfolgen aber gleichzeitig die Lage mit Neugier. Gerade wegen der Gefährlichkeit mancher Tischgenossen lohnt es sich, Handlungsoptionen vorerst in der Vorstellung zu prüfen. In einer ersten Phase ist demnach Zurückhaltung angesagt. Genauso reagieren Kolkraben auf Personen, die sie fotografieren möchten. Durch das auf sie gerichtete Objektiv fühlen sich die Vögel beobachtet und erhöhen umgehend die Fluchtdistanz. Später sind es gerade sie, die sich in Einzelfällen und nach gebührender Zeit an die Anwesenheit von (bestimmten) Menschen gewöhnen sowie Vertrauen aufbauen können. Manche Bilder in diesem Buch geben davon Zeugnis.

Die oben geschilderten Interaktionen beim Nahrungserwerb sind nur ein Ausschnitt im vielschichtigen Verhaltensrepertoire von Kolkraben. Dabei sind soziale Bindungen von besonderer Bedeutung, wie Thomas Bugnyar vorzüglich zusammenfasste: Kolkraben pflegen auch als Nichtbrüter langfristige Beziehungen zu Artgenossen und erinnern sich anhaltend an die dabei entstandenen Sympathien oder Antipathien. Befreundete Vögel können im Falle von Auseinandersetzungen helfen oder dem Opfer nachträglich Beistand leisten. Es liegt auf der Hand, dass ein solcher Umgang untereinander von höheren geistigen Fähigkeiten abhängig ist.

Das Potenzial von Spiel und Spaß ist ein zusätzlicher wichtiger Punkt für die geistige Weiterentwicklung. Eine adäquate Ernährungslage vorausgesetzt, ist der Tagesablauf von Kolkraben längst nicht allein durch lebensnotwendige Aufgaben bestimmt. Es gibt quasi «freie Zeit» und damit Raum für kreative Tätigkeiten. Beispielsweise lässt sich das Verhalten von Kolkraben, die sich im starken Wind durch die Luft treiben lassen, bei geeigneten Strömungen oft andauernd im selben Raum, kaum allein durch Nützlichkeitserwägungen erklären. Dasselbe gilt für Raben, die im lockeren Schnee auf dem Bauch abwärts gleiten oder gar sich seitlich drehend Schneehänge hinunterrollen. Selbst Purzelbäume gehören zum Repertoire der Tausendsassas.

Intelligenz als verbreitetes, aber doch seltenes Lebensprinzip

Ebenso wie beim Kolkraben schufen auch beim Menschen und beim Wolf die Entwicklung des Gehirns und die damit verbundene Herausbildung besonderer kognitiver Fähigkeiten die Voraussetzungen für Lebenstüchtigkeit, weite Verbreitung und bestimmende ökologische Wirkung. Dass der moderne Mensch dabei eine Sonderrolle einnimmt, ist unbestritten und wird in der Bezeichnung «Anthropozän» als aktuelle geochronologische Epoche deutlich. Leider ist mit unserer dominanten Stellung ein entsprechend großes Konflikt- und Zerstörungspotenzial verbunden.

Dass Vögel zu ähnlichen kognitiven Leistungen fähig sind wie intelligente Säugetiere, lässt die Frage nach dem evolutionären Hintergrund solcher Entwicklungen aufkommen. Vögel und Säugetiere haben sich ausgehend von einer gemeinsamen Urform vor rund 300 Millionen Jahren getrennt und sich jeweils ihrerseits in verschiedene stammesgeschichtliche Äste aufgeteilt. Wie lange diese evolutionäre Verzweigung zurückliegt, wird einem vor Augen geführt, wenn wir bedenken, dass der moderne Mensch erst im Verlauf der letzten 200'000–300'000 Jahre entstanden ist.

Aufgrund der seit Langem voneinander getrennten Entwicklungslinien der Vögel (vorerst noch zusammen mit den Reptilien) und der Säugetiere erstaunt es nicht, dass die Gehirne dieser beiden Wirbeltierklassen ganz unterschiedlich strukturiert sind. Die wichtigste Hirnregion für Intelligenz bei Säugetieren ist der im Vorderhirn gelegene Präfrontale Cortex, eine Art Schaltzentrum. Das entsprechende Hirnareal liegt bei Vögeln weiter hinten: das Nidopallium. Die beiden Hirntypen unterscheiden sich grundsätzlich in ihrem Aufbau; sie sind im Verlauf der separaten stammesgeschichtlichen Entwicklung unabhängig voneinander entstanden. Vergleichbar sind nicht nur ihre Leistungen, sondern ebenso die Rahmenbedingungen, denen Rabenvögel, Primaten oder beispielsweise Hundeartige auf ihrem evolutionären Weg bis heute ausgesetzt gewesen sind. Dies hat zu parallelen Anpassungen geführt. Solche sogenannt konvergenten Entwicklungen sind ein verbreiteter Vorgang in der Evolution und zeigen sich auch in der Herausbildung von Intelligenz. Selbst Wirbellose, allen voran die Kraken und andere Kopffüßer, haben durch eigenständige evolutionäre Entwicklungen erstaunliche geistige Fähigkeiten erlangt.

Anzufügen bleibt, dass komplexe Gehirne und kluges Verhalten die Ausnahme in der Natur darstellen, denn die meisten Lebensformen haben kein oder nur ein einfaches Nervensystem entwickelt. Die Einzeller beweisen, dass man sich damit über Jahrmillionen erfolgreich behaupten kann. Die höher organisierten Arten dürften mit der Besiedlung neuer Lebensräume – wohl oft im Nachgang zu globalen Katastrophen und den damit verbundenen Massensterben – einen Entwicklungsschub erfahren haben. So sind mit dem Verschwinden der Dinosaurier vor rund 65 Millionen Jahren vielerorts ökologische Nischen frei geworden, wodurch die moderne Säugetier- und Vogelfauna zum Durchbruch gelangen konnte.

Links Der aufmerksame Blick des Kolkraben. Val dal Spöl, 25. Januar 2020.

Rechts, oben und unten Ein Kolkrabenschwarm und dessen Ursache, die Überreste einer gewilderten Gämse. Rifairalm, Taufers, 30. September 2017.

Links Ist eine Nahrungsquelle entdeckt, gilt es damit geschickt – das heißt im eigenen Interesse – umzugehen. Val dal Spöl, 29. Oktober 2019.

Rechts Kluge Rabenvögel anderswo: Aus dem Pizza-Karton sichert sich die Amerikanerkrähe den Beutel mit Parmesankäse. San Francisco, 18. Mai 2019.

Links Ein komplexes Sozialverhalten und ein hoch entwickeltes Gehirn bedingen sich gegenseitig. Spissertal, 18. Januar 2021.

Rechts Artgenossen und anderen Tieren Nahrungsobjekte abzujagen, ist eine regelmäßig praktizierte Form des Nahrungserwerbs. Spissertal, 18. Januar 2021.

Links Kolkraben können recht verborgen und somit unauffällig sein. Spissertal, 3. Februar 2021.

Rechts Von Konkurrenten nicht bemerkt zu werden, ist beim Anlegen von Nahrungsverstecken essenziell. Spissertal, 5. Februar 2021.

Links Verpaarte Kolkraben kooperieren. Val dal Spöl, 2. Oktober 2019.

Rechts Trotz enger Paarbindung ist sich jeder selbst der Nächste. Val dal Spöl, 4. Februar 2020.

Links Freiraum für Spiel und Spaß: im Neuschnee halb watend, halb bäuchlings rutschend den Hang hinunter. Val dal Spöl, 29. Januar 2020.

Rechts Das ultimative Kolkrabenspiel: sich seitlich drehend den schneebedeckten Hang hinunterrollen. Spissertal, 19. Januar 2021.

Links Diesjährige Kolkraben einer Viererbrut in der Feldflur, je zu zweit in spielerischer Interaktion. Bergün, 7. Juli 2020.

Rechts Einer der Jungraben schlägt vor den Augen eines Geschwisters einen Purzelbaum. Bergün, 7. Juli 2020.

Ob Kobold oder Tausendsassa: Der Kolkrabe ist vielseitig begabt und äußerst anpassungsfähig.
Testa Grigia, 18. Februar 2020.

Links Die Beziehungen unter Nichtbrütern sind vielfältig: Verpaart, befreundet oder zerstritten, alles ist möglich. Spissertal, 5. März 2021.

Rechts Kluger Kopf: aufmerksam, neugierig und vorsichtig zugleich. Munt Baselgia, 31. August 2020.

Fazit für uns Menschen

Die Beobachtung der Natur inspiriert, wenn wir uns Gedanken zu unserer Existenz machen. Dies gilt für die Beschäftigung mit Kolkraben erst recht. Ihr soziales Wesen, ihre Beziehungen zum Menschen, ihr Umgang mit Neuheiten in der Umgebung, ihre Intelligenz und deren konvergente Entwicklung bei Säugetieren geben Stoff zur Reflexion.

Der anhaltende Kontakt zu Kolkraben hat mich für solche Betrachtungen sensibilisiert. Trotz der Vorgabe, dass man als Wissenschaftler der Natur sachlich und Tieren nicht mit menschlichen Maßstäben begegnen sollte, haben mich diese Vögel in meinem Innersten berührt. Manche ihrer Eigenschaften, wie die Fähigkeit, zwischen gefährlichen und ungefährlichen Situationen zu unterscheiden, das mannigfaltige Zusammenleben unter ihresgleichen oder ihr Vermögen zur Selbstoptimierung, sind Merkmale, die wir bei uns wiedererkennen. Die Fähigkeiten intelligenter Tiere wie beispielsweise Menschenaffen, Delfine oder Rabenvögel unterscheiden sich zwar graduell, aber nicht prinzipiell von den fraglos herausragenden kognitiven Kapazitäten des Menschen. Dabei machen uns die Erkenntnisse zur Hirnstruktur sowie zur Evolution der Vögel und konkret des Kolkraben darauf aufmerksam, wie biologische Entwicklungen ablaufen und zu welchen Leistungen sie führen können.

Im Licht dieser und anderer naturwissenschaftlicher Erkenntnisse ist die Entstehung intelligenter Wesen plausibel erklärbar; übernatürliche Denkansätze sind unnötig. Die Naturwissenschaften sind einem Katalog strenger Forschungsprinzipien verpflichtet, ihre Methodik beruht auf objektiven Kriterien und es besteht der ständige Druck, die aktuellen Erkenntnisse zu bestätigen, zu modifizieren oder zu widerlegen. Dabei erhebt die moderne Wissenschaft mit ihrer nüchternen, selbstkritischen Haltung nicht den Anspruch, alles zu wissen und auf sämtliche Fragen eine Antwort zu geben. Wie Yuval Noah Harari darlegte, war das «Eingeständnis der Unwissenheit» sogar der Motor für die wissenschaftliche Revolution der letzten 500 Jahre. Die durch die Wissenschaft geprägte Sichtweise ist reizvoll, anregend und kann meines Erachtens im existenziellen Kontext eine mindestens so geeignete Orientierungshilfe sein, wie dies andere Weltanschauungen für sich beanspruchen.

Dennoch: Emotionen und romantische Vorstellungen gehören zu allen Menschen und sind deswegen stets Teil aller unserer Betrachtungsweisen, auch von Wissenschaftlerinnen und Wissenschaftlern. Der Physiker Brian Greene schrieb: «Es liegt sogar ein gewisser Genuss darin, für kurze Zeit über die rationalen Stränge zu schlagen.» Widersprüchlichkeiten gehören zum menschlichen Leben. So ließ mich der Kolkrabe auch als sagenumwobener Vogel nicht unberührt. Solche Regungen haben mit dem wirklichen Wesen des Kolkraben allerdings kaum etwas zu tun. Der pragmatische Erklärungsansatz der Naturwissenschaften mahnt uns bei solchen Dingen zur Zurückhaltung. Wir Menschen nehmen die Welt naturgemäß aus unserer eigenen Perspektive wahr. Ersetzen wir Subjektivität durch Objektivität, dann relativiert sich der «Sonderfall Mensch».

Als kluge Wesen sind wir eben nicht allein: Einer ganzen Reihe von Tierarten werden heute höhere kognitive Fähigkeiten zuerkannt als noch vor wenigen Jahrzehnten. Für den Kolkraben hat Bernd Heinrich mit seinem bekannten Werk «Mind of the raven» (Die Weisheit der Raben) den Bann gebrochen. Wir Menschen spielen freilich eine einzigartige Rolle. Dabei stellt sich die Frage, welche Entwicklungsschwelle den Unterschied zu anderen geistig regsamen Lebewesen ausmacht.

Differenzierte Formen der Wahrnehmung und subjektives Erleben müssen den Kolkraben eigen sein. Mehr noch, Bernd Heinrich schilderte eine Reihe von Beobachtungen, die nahelegen, dass Raben ein Bewusstsein entwickelt haben, dass sie sich Abläufe vergangener und zukünftiger, auch alternativer Handlungen im Sinne mentaler Projektionen – oder «mentaler Zeitreisen» – vorstellen können. Der unbestreitbare Beweis für solche Einsicht ist indes schwer zu erbringen. Stets steht die puristische Gegenthese im Raum, dass Verhaltensweisen, die Bewusstsein suggerieren, auf ein komplexes Gefüge automatisierter Vorgänge einschließlich angeborener sowie ohne Einsicht erlernter Handlungen zurückzuführen sind. Persönlich bin ich davon überzeugt, dass all die in der Literatur beschriebenen und teilweise selbst erlebten verblüffenden Wesenszüge von Kolkraben und anderen Rabenvögeln nicht allein durch unbewusste Verhaltensabläufe zu erklären sind.

Menschen könnten sich von anderen tierischen Lebensformen dadurch abheben, dass wir über ein Gerechtigkeitsempfinden verfügen, dass unsere Sprache – nach Edward O. Wilson «der Gral der menschlichen Sozialevolution» – verinnerlicht und zu einem Teil des Denkmechanismus wurde und dass wir über die Vergänglichkeit des Seins Bescheid wissen. Kultur ist zwar keine Exklusivität des Menschen, unsere im Kollektiv über

Generationen hinweg aufgebauten und verfeinerten Leistungen sind jedoch einzigartig: zum Beispiel die Erfindung der Schrift, der Bau von Automobilen oder das Vordringen in den Weltraum. Und unsere Entwicklungen beschleunigen sich immer mehr. Wie werden wir die Digitalisierung und die Gentechnik dereinst beurteilen? Herausragend ist jedenfalls nicht a priori besser, denn letztlich geht es um den langfristigen Überlebenserfolg. Und da muss sich unsere vergleichsweise sehr junge Spezies erst noch beweisen.

Raben haben die Gedankenwelt der Menschen seit Jahrtausenden angeregt. Ihr eindrückliches Wesen wurde schon in Urzeiten richtig gedeutet oder zumindest erahnt, sowohl in Lascaux als auch beim biblischen Noah und beim Rabengott Odin. Den damaligen Menschen mangelte es weder an geistigen Fähigkeiten noch an ständiger Naturerfahrung. Heute verfügen wir zwar über ein Detailwissen zur Natur wie nie zuvor, und zunehmend werden die verflochtenen Wirkungsweisen verstanden. Es ist allerdings äußerst anspruchsvoll, diese weit verzweigten und umfassenden Erkenntnisse an die moderne, vielfältige Bevölkerung heranzutragen und mehrheitlich in ein integrales Naturverständnis münden zu lassen. Möge dieses Buch – so punktuell es inhaltlich auch gelagert ist – insofern einen Beitrag leisten: Zur Sensibilisierung, welche Position dem Menschen in seiner Um- und Mitwelt zukommt, und speziell für mehr Achtung gegenüber allen Lebewesen. Die Imageverbesserung ist für Arten, die auf der Beliebtheitsskala unten angesiedelt sind, besonders nötig. Schönheitsideale sind wandelbar und Werte einem Prozess unterworfen. Lassen wir uns vom Königreich Bhutan inspirieren: In diesem Staat ist der Kolkrabe Nationalvogel, der Umweltschutz in der Verfassung verankert und das Glücksempfinden der Bevölkerung ein erklärtes Ziel. Der Rabe ist nicht umsonst ein Symbol für Weisheit.

Naturbetrachtung und Selbstreflexion am Beispiel sich streitender Kolkraben und eines menschlichen Auges, das an einem Bunker des sogenannten «Alpenwalls» aufgemalt ist. Mals, 12. März 2022.

Links Der Kolkrabe – hier mit geschlossenen Nickhäuten, den dritten Augenlidern – gilt als mystischer Vogel. Val dal Spöl, 25. Dezember 2018.

Rechts Der Kolkrabe erscheint geheimnisvoll, doch das ist menschliche Interpretation. Glurns, 27. August 2017.

Links Endzeitstimmung: Ein Kolkrabe schraubt sich zu einem zerfallenden Straßenwartgebäude am Stilfser Joch hinunter. 16. September 2019.

Rechts Ortler (3905 m ü. M.) mit Kolkrabe, der hier vor gut 100 Jahren – an der verlustreichen Alpenfront im 1. Weltkrieg – wohl kein gutes Zeichen gewesen wäre. 18. September 2020.

Links Wildromantische Stimmung. Spissertal, 5. November 2020.

Rechts Zwei Kolkraben entschwinden im Nebel. Spissertal, 20. November 2020.

Links Anflug im stürmischen Wind. Val dal Spöl, 4. Februar 2020.

Rechts Im Schneetreiben. Val dal Spöl, 7. Februar 2022.

Links Im ersten Sonnenstrahl. Spissertal, 27. November 2020.

Rechts Im letzten Sonnenstrahl. Val dal Spöl, 10. November 2018.

Links Kommunikation mit einer Gämse: Für den Kolkraben ist hier vorderhand nichts zu holen. Mals, 25. März 2022.

Rechts Nach dem Lebensende einer Gämse: Kolkraben nähern sich den Überresten in steiler Waldschlucht. Val Alpetta, Valsot, 8. November 2020.

Sinnbildlich für das Labyrinth der Evolution: ein Kolkrabe über einem Mäander auf Jufplaun. 16. Juni 2020.

Links Im Synchronflug zum Horizont. Testa Grigia, 20. April 2019.

Rechts Die Virtuosität des Kolkraben – fliegerisch und kognitiv – beflügelte die Fantasie des Menschen. Testa Grigia, 18. Februar 2022.

Links Eine Dickschnabelkrähe vor dem sogenannten Himmelstor (Swargdwar) bei Pisang in Nepal – Götterbote oder Zeuge der Evolution? 9. Mai 2018.

Rechts Die grundsätzlichste aller Perspektiven für das irdische Leben: die Sonne, mit Kolkrabe. Spissertal, 3. Februar 2021.

Dank

Zuerst danke ich den in diesem Buch abgebildeten Kolkraben aus nah und fern dafür, dass sie sich von mir fotografieren ließen. Sie haben meine Anwesenheit akzeptiert, wenn auch in der Regel mit erheblicher Reserve und deshalb auf Distanz. Allerdings sind einige wenige von ihnen, allen voran Corvun und Rabea, mir gegenüber vertraut geworden. Diese Raben haben manchmal von mir ein Zubrot erhalten und so hoffe ich, dass die Bilanz unseres Austausches für sie ebenfalls gestimmt hat.

Mein eigentlicher Dank richtet sich an die im Impressum genannten Personen und Körperschaften sowie an Matthias Haupt, der mich 2019 eingeladen hat, ein Buch über Kolkraben zu verfassen. Es ist eine schöne Erfahrung, dass ich mittlerweile bei verschiedenen Buchprojekten auf dieselben bewährten Kräfte zählen durfte. Hervorheben möchte ich Christian Marti, der als Redaktor zahlreiche wertvolle Anregungen eingebracht und dadurch den Text erheblich aufgewertet hat. Ein großer Dank geht auch an die Zigerli-Hegi-Stiftung, die das Erscheinen dieses Buches in der vorliegenden großzügigen Form möglich gemacht hat.

Ruedi Haller und Matthias Kestenholz haben dieses Buchprojekt entscheidend unterstützt. Pia Anderwald, Thomas Bugnyar, Ursina Haller und Andrea Hämmerle lasen Manuskriptfassungen und sorgten für Verbesserungen. Wichtige Informationen durfte ich von Flurin Filli, David Jenny, Andreas Moser sowie Reto Strimer entgegennehmen; Christine Moor und Josef Nuth haben mir je eine Gelegenheit zum Fotografieren vermittelt. Ihnen allen gebührt mein aufrichtiger Dank. Besonders verbunden bin ich meiner Frau Heidi, die viel Verständnis für mein Steckenpferd aufbrachte, dieses aber auch zügelte, wenn der Rappe in mir zu dominant wurde.

Steckbrief Kolkrabe

Vogelgruppe
Familie der Rabenvögel (Corvidae)

Wissenschaftlicher Name
Corvus corax

Kennzeichen
Schwarzes Gefieder mit Metallglanz, markanter Kopf mit klobigem Schnabel sowie zottigen Kehlfedern. Ziemlich lange Flügel, die recht schmal und durch abstehende Handschwingen gefingert sind. Schwanzende bei Altvögeln keilförmig, bei jüngeren Tieren abgerundet.

Maße und Gewicht
Etwa doppelt so groß wie eine Aaskrähe, in der Größe mit einem Mäusebussard vergleichbar. Flügelspannweite 120–130 cm, Gewicht 1–1,5 kg.

Stimme
Umfangreiches Lautrepertoire. Am häufigsten sind weit hörbare, tieftönende «kra-kra-kra»- oder «kroak-kroak-kroak»-Rufe zu vernehmen.

Verbreitung, Gefährdung
In einem Großteil der Nordhemisphäre vorkommend, von Meeresküsten bis ins Hochgebirge. In der Schweiz nach starkem Bestandsrückgang bis in die 1930er-Jahre heute wieder im ganzen Land heimisch. Der Kolkrabe ist weder global noch bei uns gefährdet, die Populationsgrößen werden aber oft überschätzt.

Lebensraum
Ganz unterschiedlich, von locker bewaldeten Gebieten bis zu Offenlandschaften und dies in stark voneinander abweichenden Klimazonen. Wichtig sind die Verfügbarkeit von energiereicher Nahrung und (für Brutvögel) das Vorhandensein von Vertikalstrukturen zur Errichtung von Horsten. Menschliche Nähe wird nicht grundsätzlich gemieden; im Zuge der Nutzung organischer Abfälle sind Beziehungen zum Menschen entstanden. Hohe Anpassungsfähigkeit, auch dank herausragender kognitiver Fähigkeiten.

Ernährung
Vielseitige tierische und pflanzliche Kost, Hauptsache energiereich. Aas und Essensreste sind besonders attraktiv. Vorratshaltung bei Verfügbarkeit größerer Nahrungsmengen.

Sozialverhalten
Jungvögel und ältere Nichtbrüter wandern meist weit umher und versammeln sich zu Trupps oder gar Schwärmen. Brutvögel leben paarweise und in der Regel jahrelang zusammen; sie verteidigen ein Revier, das im Hochgebirge 100 km^2 und mehr umfassen kann.

Fortpflanzung
Neststand im Gebirge in Felsen, sonst auf Bäumen und gelegentlich an Bauwerken. Horste aus Ästen und Reisern, frisch hergerichtet mit napfförmiger Vertiefung. Brutzeit meist zwischen Mitte März und Mitte Mai; Bebrütungsdauer drei Wochen, Nestlinge in sechs Wochen flügge.
Eine Brut pro Jahr mit 1–4, ausnahmsweise 5–7 Jungvögeln. Manche Paare haben nicht alljährlich Bruterfolg.

Lebensspanne
Geschlechtsreif ab dem dritten Lebensjahr, Höchstalter in freier Natur gut 20 Jahre.

Literatur: Quellen und vertiefende Beiträge

In der folgenden Gliederung wurde auf Mehrfachnennungen verzichtet, die Publikationen werden der passendsten Rubrik zugewiesen.

Allgemein zu Rabenvögeln und zum Kolkraben

Bugnyar, T. (2022): Raben: das Geheimnis ihrer erstaunlichen Intelligenz und sozialen Fähigkeiten. Brandstätter, Wien.

Corti, U.A. (1967): Der Alpenkolkrabe. S. 61–206 in: U.A. Corti: Vögel der Alpen. Bischofberger, Chur.

Droege, G. & T. Töpfer (2016): The Corvids Literature Database – 500 years of ornithological research from a crow's perspective. Database 2016, bav122. https://doi.org/10.1093/database/bav122; besucht 04.04.2022.

Epple, W. (1997): Rabenvögel: Göttervögel – Galgenvögel: ein Plädoyer im «Rabenvogelstreit». G. Braun, Karlsruhe.

Glandt, D. (2003): Der Kolkrabe: der «schwarze Geselle» kehrt zurück. Aula, Wiebelsheim.

Glandt, D. (2016): Kolkrabe & Co.: Verhalten und Strategien intelligenter Lebenskünstler. 2. Aufl. Aula, Wiebelsheim.

Glutz von Blotzheim, U.N. & K.M. Bauer (1993): Handbuch der Vögel Mitteleuropas. Bd. 13: Passeriformes 4. Teil. Aula, Wiesbaden.

Haller, H. (2018): Der Kolkrabe als Wegbegleiter. S. 60–85 in: R. Haller, M. Rapp & A. Hämmerle (Hrsg.): Am Puls der Natur: der Nationalpark und sein Direktor im Spannungsfeld zwischen Forschung, Management und Politik. Nat.park-Forsch. Schweiz 108. Haupt, Bern.

Heinrich, B. (1999): Mind of the raven: investigations and adventures with wolf-birds. Cliff Street Books, New York.

Heinrich, B. (2002): Die Weisheit der Raben. List, München (deutsche Übersetzung von Heinrich 1999).

Hoyo, J. del, A. Elliott & D.A. Christie (Hrsg.) (2009): Handbook of the birds of the world. Bd. 14: Bush-shrikes to old world sparrows. Lynx, Barcelona.

Ratcliffe, D. (1997): The raven: a natural history in Britain and Ireland. Poyser, London.

Reichholf, J.H. (2009): Rabenschwarze Intelligenz: was wir von Krähen lernen können. Herbig, München.

Zum Kapitel «Kolkraben beobachten, schätzen lernen und fotografieren»

Conrad von Baldenstein, T. (1981): Vogelbauer: nebst Anmerkungen über die Naturgeschichte der in demselben enthaltenen Vögel, welche alle nach der Natur gezeichnet und beschrieben nach eigenen Beobachtungen, 1811–1868. Calven, Chur.

Haller, H. (2016): Wilderei im rätischen Dreiländereck: grenzüberschreitende Recherchen mit einer Spurensuche bis nach Tibet. Nat.park-Forsch. Schweiz 105/I. Haupt, Bern.

Kabadayi, C. & M. Osvath (2017): Ravens parallel great apes in flexible planning for tool-use and bartering. Science 357: 202–204.

Pika, S., M.J. Sima, C.R. Blum, E. Herrmann & R. Mundry (2020): Ravens parallel great apes in physical and social cognitive skills. Sci. Rep. 10: Nr. 20617.

Zum Kapitel «Zu Rabenvögeln und ihrer Stammesgeschichte»

Diesselhorst, G. (1968): Beiträge zur Ökologie der Vögel Zentral- und Ost-Nepals. Bd. 2 von: W. Hellmich (Hrsg.): Khumbu Himal: Ergebnisse des Forschungsunternehmens Nepal Himalaya. Universitätsverlag Wagner, Innsbruck.

Grimmett, R., C. Inskipp & T. Inskipp (2015): Birds of Nepal. Bloomsbury, New Delhi.

Haring, E., B. Däubl, W. Pinsker, A. Kryukov & A. Gamauf (2012): Genetic divergences and intraspecific variation in corvids of the genus *Corvus* (Aves: Passeriformes: Corvidae) – a first survey based on museum specimens. J. Zool. Syst. Evol. Res. 50: 230–246.

Jønsson, K.A., P.-H. Fabre & M. Irestedt (2012): Brains, tools, innovation and biogeography in crows and ravens. BMC Evol. Biol. 12: Nr. 72.

Kearns, A.M., M. Restani, I. Szabo, A. Schrøder-Nielsen, J.A. Kim, H.M. Richardson, J.M. Marzluff, R.C. Fleischer, A. Johnsen & K.E. Omland (2018): Genomic evidence of speciation reversal in ravens. Nat. Commun. 9: Nr. 906.

Krause, J. (2017): Die genetische Herkunft der Europäer: biologische Anpassung und Mobilität in der Vorgeschichte. Jahresber. Max-Planck-Ges. 2016: 58–62.

Krause, J. & T. Trappe (2020). Die Reise unserer Gene: eine Geschichte über uns und unsere Vorfahren. Ullstein, Berlin.

Marzluff, J.M. & T. Angell (2005): Cultural coevolution: how the human bond with crows and ravens extends theory and raises new questions. J. Ecol. Anthropol. 9: 69–75.

Omland, K.E., C.L. Tarr, W.I. Boarman, J.M. Marzluff & R.C. Fleischer (2000): Cryptic genetic variation and paraphyly in ravens. Proc. R. Soc. Lond. B 267: 2475–2482.

Zum Kapitel «Eigenschaften des Kolkraben»

Bugnyar, T., M. Kijne & K. Kotrschal (2001): Food calling in ravens: are yells referential signals? Anim. Behav. 61: 949–958.

Enggist-Düblin, P. & U. Pfister (2002): Cultural transmission of vocalizations in ravens, *Corvus corax*. Anim. Behav. 64: 831–841.

Sierro, J., M.-C. Loretto, G. Szipl, J.J.M. Massen & T. Bugnyar (2020): Food calling in wild ravens *(Corvus corax)* revisited: who is addressed? Ethology 126: 257–266.

Stahler, D., B. Heinrich & D. Smith (2002): Common ravens, *Corvus corax*, preferentially associate with grey wolves, *Canis lupus*, as a foraging strategy in winter. Anim. Behav. 64: 283–290.

Szipl, G. & T. Bugnyar (2014): Craving ravens: individual 'haa' call rates at feeding sites as cues to personality and levels of fission-fusion dynamics? Anim. Behav. Cogn. 1: 265–280.

Vucetich, J.A., R.O. Peterson & T.A. Waite (2004): Raven scavenging favours group foraging in wolves. Anim. Behav. 67: 1117–1126.

Walker, L.E., J.M. Marzluff, M.C. Metz, A.J. Wirsing, L.M. Moskal, D.R. Stahler & D.W. Smith (2018): Population responses of common ravens to reintroduced gray wolves. Ecol. Evol. 8: 11158–11168.

Zum Kapitel «Die Kolkrabenpopulation»

Haller, H. (1996): Der Steinadler in Graubünden: langfristige Untersuchungen zur Populationsökologie von *Aquila chrysaetos* im Zentrum der Alpen. Ornithol. Beob., Beih. 9.

Hauri, R. (1988): Zur Vogelwelt der Molassefelsen im bernischen Mittelland. Ornithol. Beob. 85: 1–79.

Loretto, M.-C., R. Schuster & T. Bugnyar (2016): GPS tracking of non-breeding ravens reveals the importance of anthropogenic food sources during their dispersal in the Eastern Alps. Curr. Zool. 62: 337–344.

Loretto, M.-C., R. Schuster, C. Itty, P. Marchand, F. Genero & T. Bugnyar (2017): Fission-fusion dynamics over large distances in raven non-breeders. Sci. Rep. 7: Nr. 380.

Marzluff, J.M., B. Heinrich & C.S. Marzluff (1996): Raven roosts are mobile information centres. Anim. Behav. 51: 89–103.

Mattes, H., R. Maurizio & W. Bürkli (2005): Die Vogelwelt im Oberengadin, Bergell und Puschlav: ein Naturführer zur Avifauna in einem inneralpinen Gebiet. Schweizerische Vogelwarte, Sempach.

Oggier, P.-A. (1986): Siedlungsdichte und Sozialverhalten des Kolkraben *Corvus corax* im Wallis. Ornithol. Beob. 83: 295–299.

White, C. (2005): Hunters ring dinner bell for ravens: experimental evidence of a unique foraging strategy. Ecology 86: 1057–1060.

Wright, J., R.E. Stone & N. Brown (2003): Communal roosts as structured information centres in the raven, *Corvus corax*. J. Anim. Ecol. 72: 1003–1014.

Zum Kapitel «Vorkommen in Raum und Zeit»

BirdLife International (2017): Common raven *Corvus corax*. The IUCN Red List of Threatened Species 2017: e.T22706068A113271893. https://dx.doi.org/10.2305/IUCN.UK.2017-1.RLTS.T22706068A113271893.en; besucht 04.04.2022.

Corti, U.A. (1952): Die Vogelwelt der schweizerischen Nordalpenzone. Bischofberger, Chur.

Corti, U.A. (1962): Juravögel: die Brutvögel des schweizerischen Jura. Bischofberger, Chur.

Fleming, R.L. Sr., R.L. Fleming Jr. & L.S. Bangdel (1976): Birds of Nepal: with reference to Kashmir and Sikkim. R.L. Fleming Sr. and Jr., Kathmandu.

Glutz von Blotzheim, U.N. (1962): Die Brutvögel der Schweiz. Aargauer Tagblatt, Aarau.

Hauri, R. (1993): Der Kolkrabe als Brutvogel am Berner Bundeshaus. Ornithol. Beob. 90: 299–301.

Jenny, H. & J.P. Müller (2002): Phänomen Bündner Jagd: 125 Jahre Bündner Patentjagd. Amt für Jagd und Fischerei Graubünden und Bündner Natur-Museum, Chur.

Knaus, P., S. Antoniazza, S. Wechsler, J. Guélat, M. Kéry, N. Strebel & T. Sattler (2018): Schweizer Brutvogelatlas 2013–2016: Verbreitung und Bestandsentwicklung der Vögel in der Schweiz und im Fürstentum Liechtenstein. Schweizerische Vogelwarte, Sempach.

Knaus, P., R. Graf, J. Guélat, V. Keller, H. Schmid & N. Zbinden (2011): Historischer Brutvogelatlas: die Verbreitung der Schweizer Brutvögel seit 1950. Schweizerische Vogelwarte, Sempach.

Melcher, R. (1949): Ist der Kolkrabe in den Schweizeralpen häufiger geworden? Ornithol. Beob. 46: 39–45.

Schifferli, A., P. Géroudet & R. Winkler (1980): Verbreitungsatlas der Brutvögel der Schweiz: kartographische Darstellung des Brutvorkommens aller einheimischen Vogelarten in den Jahren 1972 bis 1976. Schweizerische Vogelwarte, Sempach.

Schmid, H., R. Luder, B. Naef-Daenzer, R. Graf & N. Zbinden (1998): Schweizer Brutvogelatlas: Verbreitung der Brutvögel in der Schweiz und im Fürstentum Liechtenstein 1993–1996. Schweizerische Vogelwarte, Sempach.

Zum Kapitel «Zwischenartliche Beziehungen»

Becker, M. (2014): Der Rabe als Weltenschöpfer: kein anderes Thema verbindet die Kulturen mehr als die Entstehungsmythen der Welt. Neue Zürcher Zeitung. https://www.nzz.ch/zuerich/zuercher_kultur/der-rabe-als-weltenschoepfer-1.18448453; besucht 04.04.2022.

Gessner, C. (1557): Vogelbuch: darinn die art, natur vnd eigenschafft aller vöglen, sampt jrer waren contrafactur, angezeigt wirt. Froschouer, Zürych.

Jenny, D. (2020): Andamento riproduttivo e dinamiche della popolazione di gipeto nei Grigioni (CH) nel 2020. Info Gipeto 37: 16–17.

Rademacher, C. (2019): Die Kathedrale der Kunst. Geo Epoche 96: 48–61.

Sax, B. (2003): Crow. Reaktion books, London.

Schaik, C. van & K. Michel (2016): Das Tagebuch der Menschheit: was die Bibel über unsere Evolution verrät. Rowohlt, Hamburg.

Schorta, A. (1988): Wie der Berg zu seinem Namen kam: kleines Rätisches Namenbuch mit zweieinhalbtausend geographischen Namen Graubündens. Terra Grischuna, Chur.

Vogel-Baumann, C. (2013): Mensch und Rabe – eine uralte Hassliebe. Ornithol. Beob. 110: 335–344.

Zum Kapitel «Kognitive Leistungen und evolutionärer Hintergrund»

Bugnyar, T. (2013): Social cognition in ravens. Comp. Cogn. Behav. Rev. 8: 1–12.

Bugnyar, T. (2021): Raven social cognition and behavior. S. 322–342 in: A.B. Kaufman, J. Call & J.C. Kaufman (Hrsg.): The Cambridge Handbook of animal cognition. Cambridge University Press, Cambridge.

Burkart, J.M., M.N. Schubiger & C.P. van Schaik (2017): The evolution of general intelligence. Behav. Brain Sci. 40: Nrn. e195–e224 (einschließlich externer Diskussionsbeiträge).

Emery, N. (2017): Bird brain: Vögel mit Köpfchen: die Erforschung gefiederter Intelligenz. National Geographic Deutschland, München.

Heinrich, B. (2011): Conflict, cooperation, and cognition in the common raven. S. 189–237 in: H.J. Brockmann, T.J. Roper, M. Naguib, J.C. Mitani & L.W. Simmons (Hrsg.): Advances in the study of behavior 43. Academic Press, London.

Roth, G. (2010): Wie einzigartig ist der Mensch? Die lange Evolution der Gehirne und des Geistes. Spektrum Akademischer Verlag, Heidelberg.

Safina, C. (2017): Die Intelligenz der Tiere: wie Tiere fühlen und denken. Beck, München.

Zum Kapitel «Fazit für uns Menschen»

Bräuer, J. (2014): Klüger als wir denken: wozu Tiere fähig sind. Springer, Berlin.

Godfrey-Smith, P. (2019): Der Krake, das Meer und die tiefen Ursprünge des Bewusstseins. Matthes & Seitz, Berlin.

Greene, B. (2020): Bis zum Ende der Zeit: der Mensch, das Universum und unsere Suche nach dem Sinn des Lebens. Siedler, München.

Harari, Y.N. (2013): Eine kurze Geschichte der Menschheit. Deutsche Verlags-Anstalt, München.

Wilson, E.O. (2013): Die soziale Eroberung der Erde: eine biologische Geschichte des Menschen. Beck, München.

Zum Buch

«Der Kolkrabe: Totenvogel, Götterbote, tierisches Genie» ist ein Plädoyer für die großen schwarzen Vögel, mit denen Heinrich Haller ein Leben lang in Kontakt gekommen ist. Das Buch versteht sich als persönliches Porträt mit Bildern und Text zu einer oft verkannten, in Wirklichkeit aber äußerst faszinierenden Vogelart.

Kolkraben zeigen manche Eigenschaften, die wir bei uns Menschen wiedererkennen: Sie sind weit verbreitete Generalisten, pflegen ein komplexes Sozialleben, und sie verfügen über geistige Fähigkeiten wie nur wenige andere Tiere. Dieses Wesen, verbunden mit der schwarzen Gestalt und der Vorliebe für Aas und Essensreste, hat bei vielen Menschen Verunsicherung und danach Ressentiments ausgelöst, vor allem in Gesellschaften ohne enge Beziehung zur Natur. Kolkraben wurden in den letzten Jahrhunderten mit allen Mitteln verfolgt. Der Bestand ging auf Restpopulationen zurück, doch vermochte er sich seit der zweiten Hälfte des vergangenen Jahrhunderts wieder zu erholen.

Kolkraben ließen den Menschen nie unberührt, und sie sind sogar Teil unserer Kulturgeschichte geworden. Auch in positiver Hinsicht: Naturvölker verehrten und verehren diese Tiere aus guten Gründen. Nebst ihrer Klugheit und ihrer Virtuosität in der Luft sind die Schwarzfräcke – jedenfalls bei genauerer Betrachtung – Gestalten von herber Schönheit. Die hier gezeigten Bilder sollen dazu beitragen, das Image des Kolkraben zu verbessern und einen Einblick in sein Leben zu geben. Darüber hinaus bieten Informationen, Erfahrungen und Hintergründe zum Thema passenden Stoff für grundsätzliche Überlegungen zum Phänomen Leben und zu uns selbst.

Zum Autor

Heinrich Haller, geboren 1954, ist Biologe und hat in den Alpen Studien an diversen großen Wildtierarten sowie zum Thema Wilderei durchgeführt. Dabei kam er immer wieder in Kontakt mit Kolkraben, die so zu Wegbegleitern wurden. Heinrich Haller war von 1996 bis zu seiner Pensionierung 2019 Direktor des Schweizerischen Nationalparks und lehrte als außerplanmäßiger Professor Gebirgsökologie an der Universität Göttingen. Eindrückliche Naturerlebnisse lassen sein Herz höher schlagen und so waren ihm bei seinen Beobachtungen stets auch die bildliche Dokumentation und die emotionale Reflexion wichtig.

Vergängliches Siegel nach dem Abflug im tiefen Neuschnee. Val dal Spöl, 29. Januar 2020.